AF261784

DES INONDATIONS

EXAMEN DES MOYENS PROPOSÉS

POUR EN PRÉVENIR LE RETOUR

TYP. HENNUYER, RUE DU BOULEVARD, 7. BATIGNOLLES.
Boulevard extérieur de Paris.

INONDATIONS

EXAMEN DES MOYENS PROPOSÉS

POUR EN PRÉVENIR LE RETOUR

PAR M. J. DUPUIT

INSPECTEUR GÉNÉRAL DES PONTS ET CHAUSSÉES.

PARIS

VICTOR DALMONT, ÉDITEUR,

Successeur de Carilian-Gœury et Vᵒʳ Dalmont,

LIBRAIRE DES CORPS IMPÉRIAUX DES PONTS ET CHAUSSÉES ET DES MINES,

Quai des Augustins, 49.

1858

DES INONDATIONS

EXAMEN DES MOYENS PROPOSÉS

POUR EN PRÉVENIR LE RETOUR.

INTRODUCTION.

L'inondation de la Loire en 1846, celle de la plupart des fleuves et des rivières en 1856, ont amené dans les vallées d'affreux désastres; il a semblé même qu'ils avaient été plus considérables dans les parties où les cours d'eau se trouvaient endigués. Il en est résulté dans l'opinion publique une espèce de réaction contre les digues longitudinales, auxquelles nos vallées doivent leur richesse. On leur a reproché d'aggraver les ravages qu'elles devaient prévenir, et on a cherché des remèdes plus sûrs et plus économiques dans d'autres systèmes. Celui qui a semblé prévaloir consisterait à retenir par des barrages les eaux de certains affluents, de manière que leur arrivée dans le thalweg principal ne fût pas simultanée. Nous croyons qu'il y a là une double erreur, qu'il est utile de réfuter, parce qu'elle pourrait avoir des conséquences funestes.

Le véritable point de départ du système des bassins de retenue se trouve dans un mémoire technique, inséré dans les *Annales des ponts et chaussées;* mais c'est notre camarade Collignon qui l'a vulgarisé, dans le rapport

qu'il fit à la Chambre des députés le 22 mai 1847, en
qualité de membre d'une Commission chargée de l'examen du projet de loi relatif à l'allocation d'un crédit
de neuf millions de francs pour réparation des dommages
causés par les inondations de 1846. En même temps
que l'honorable député s'occupait de la question actuelle et financière du projet de loi, l'habile ingénieur
ne pouvait laisser de côté la question générale des inondations et des moyens préventifs à leur opposer, et à ce
sujet il disait :

« Malheureusement, la question, en ce qui concerne
« les moyens préventifs, est loin d'être résolue, et on
« ne peut se dissimuler qu'elle présente à tous égards
« de grandes difficultés ; mais si grandes que soient cel-
« les-ci, quand de si terribles avertissements viennent
« effrayer le pays, quand de telles éventualités restent
« suspendues sur des populations entières, quand tant
« de richesses sont incessamment menacées, il nous pa-
« raît impossible que le gouvernement ne soit pas en-
« traîné à poser le problème dans toute sa généralité :
« *La constitution actuelle de nos fleuves, telle que l'ont faite*
« *la marche du temps et les progrès de la civilisation, ne*
« *tendrait-elle pas à favoriser le retour des inondations, et*
« *surtout n'ajouterait-elle pas à l'intensité de leur action ?*
« *Contre ce mal y a-t-il des remèdes, et quels sont-ils ?* »

Passant successivement en revue ceux qui étaient
alors proposés, M. Collignon arrivait à celui qui lui pa-
raissait préférable, et il en exposait ainsi les avantages :

« Enfin, l'obstacle le plus direct et le plus efficace
« contre la trop grande accumulation des eaux d'inon-
« dation et leur trop brusque irruption dans les grandes
« vallées, consisterait dans la construction de barrages
« échelonnés dans les vallons supérieurs, et destinés à

« emmagasiner ces eaux dans des réservoirs, d'où on les
« ferait écouler ensuite à loisir et sans danger. »

. . . .

. . . .

« La Loire présente, sous ce rapport, une applica-
« tion qu'il nous paraît utile de citer : c'est la digue de
« Pinay, construite en 1711, à 12 kilomètres environ
« en amont de Roanne. Cet ouvrage colossal [1], s'ap-
« puyant sur les rochers qui resserrent la vallée et en-
« veloppant les restes d'un ancien pont que la tradi-
« tion fait remonter aux Romains, réduit en cet endroit
« le débouché du fleuve à une largeur de 20 mètres ;
« sa hauteur au-dessus de l'étiage est également de
« 20 mètres, et c'est par cette espèce de pertuis que la
« Loire entière est forcée de passer dans les plus grands
« débordements.

« L'influence de la digue de Pinay est d'autant plus
« digne d'attention qu'elle a été créée, comme le mon-
« tre l'arrêt du Conseil du 23 juin 1711, dans le but
« spécial de modérer les crues et d'opposer à leur brus-
« que irruption un obstacle artificiel tenant lieu des
« obstacles naturels, qui avaient été imprudemment
« détruits dans la partie supérieure du fleuve. Eh bien,
« la digue de Pinay a heureusement rempli son office
« au mois d'octobre dernier ; elle a soutenu les eaux
« jusqu'à une hauteur de $21^m,47$ au-dessus de l'étiage ;
« elle a ainsi arrêté et refoulé dans la plaine du Forez
« une masse d'eau qui est évaluée à plus de 100 mil-

---

[1] La digue de Pinay est à 33 kilomètres en amont de Roanne ;
c'est un très-petit ouvrage en maçonnerie qui n'a rien de colossal
(Voir la Notice de M. Boulangé). Ces erreurs matérielles prouvent,
comme nous le dirons tout à l'heure, que M. Collignon avait écrit
son rapport sur des documents bien incomplets et bien inexacts.

« lions de mètres cubes, et la crue avait atteint son
« maximum de hauteur à Roanne quatre ou cinq heures
« avant que cet immense réservoir fût complétement
« rempli.

« Si la digue de. Pinay n'avait pas existé, non-seule-
« ment la crue serait arrivée beaucoup plus vite à
« Roanne, mais encore le volume d'eau roulé par l'inon-
« dation aurait augmenté d'environ de 2,500 mètres
« cubes par seconde ; la durée de l'inondation aurait
« été plus courte, mais l'imagination s'effraye de tout
« ce que cette circonstance aurait pu ajouter au désas-
« tre déjà si grand dont la vallée de la Loire a été le
« théâtre.

« D'ailleurs, l'élévation des eaux en amont de la di-
« gue de Pinay n'a produit aucun désordre ; bien loin
« de là : la plaine du Forez ressentira pendant plusieurs
« années l'action fécondante des limons que l'eau, gra-
« duellement amoncelée par la résistance de la digue,
« y a déposés.

« Tel a été le rôle de cet ouvrage, qu'une sage pré-
« voyance a élevé pour notre sécurité et nous servir
« d'exemple. Or, il existe dans les gorges d'où sortent
« les affluents de nos fleuves un grand nombre de points
« où l'expérience de Pinay peut être renouvelée écono-
« miquement si les points sont bien choisis, utilement
« pour modérer l'écoulement des eaux, et sans incon-
« vénient et, le plus souvent, avec un grand profit
« pour l'agriculture.

« Au lieu de ces digues ouvertes dans toute leur hau-
« teur, on a proposé de construire aussi des barrages
« pleins, munis d'une vanne de fond et d'un déversoir
« superficiel. Les réservoirs ainsi formés pouvant rete-
« nir à volonté les eaux d'inondation permettraient de

« les affecter, dans les temps de sécheresse, aux besoins
« de l'agriculture et au maintien d'une utile portée
« d'étiage pour les rivières. »

On voit qu'en 1847, les partisans des digues de retenue ne se posaient pas en inventeurs; ils n'avaient d'autre prétention que de faire revivre un système injuste-
ment oublié; ils s'appuyaient sur une grande et belle
expérience faite en 1711 par d'habiles ingénieurs, qui en
avaient dès lors parfaitement calculé la portée et dont
une durée plus que séculaire ne permettait pas de contester le succès. Eh bien, tout ce qui a été dit sur les digues de Pinay et de la Roche n'est que le résultat d'une
étrange méprise; nous sommes heureux, d'ailleurs,
de reconnaître que notre camarade Collignon ne saurait
en être rendu responsable. Lors de la rédaction de son
rapport, il n'avait entre les mains que les documents
que le ministre des travaux publics avait mis à la disposition de la Chambre des députés, et ces documents,
rassemblés à la hâte, ne contenaient évidemment pas les
pièces techniques, telles que plans, profils, nivellements,
etc., qui auraient permis d'en contrôler les résultats. Le
ministre ne s'adressait pas à des ingénieurs, mais à des
députés, et ceux-ci devaient accepter comme exacts tous
les faits de cette nature que l'administration avait dû
porter à leur connaissance. Loin donc de considérer,
dans cette discussion, notre camarade Collignon comme
un adversaire, nous avons lieu de croire que s'il avait
eu sous les yeux des renseignements suffisants, et le loisir nécessaire pour les contrôler, il ne nous aurait pas
laissé à remplir la tâche que nous entreprenons aujour-
d'hui.

Notre véritable adversaire dans cette discussion est
l'ingénieur en chef du département de la Loire, qui avait

recueilli et transmis au ministre d'alors les documents relatifs au rôle qu'avaient joué, dans l'inondation de 1846, les digues de Pinay et de la Roche. Ces documents, après avoir fait d'abord l'objet de rapports officiels, ont été, comme nous l'avons dit, reproduits dans une Notice plus complète, insérée dans les *Annales des ponts et chaussées* de 1848 (avec la date du 11 juin 1847). Cette Notice et les pièces historiques qui l'accompagnent sont réellement la seule base du système ; tout ce qui a été dit à ce sujet n'est et ne peut être qu'une répétition de ce qu'elle contient ; en nous bornant à la réfuter, nous ne laisserons donc aucun fait sans rectification, aucun argument sans réponse.

Avant d'entrer en matière, qu'il nous soit permis de dire un mot de la question personnelle que soulève cette discussion. M. Boulangé est mort, et a laissé dans le corps des ponts et chaussées les plus honorables souvenirs. On doit concevoir combien il nous est pénible d'attaquer le travail d'un camarade qui ne peut plus se défendre, et de penser que nos critiques pourraient porter atteinte à la réputation de savoir et d'habileté qu'il a laissée après lui. Si donc il ressortait de cette discussion que, dans cette question spéciale, M. Boulangé s'est gravement trompé, il faudrait se rappeler que l'art de l'ingénieur est si vaste et si varié que personne ne peut se flatter d'en posséder toutes les connaissances ; les plus habiles ne sont pas ceux qui ne se trompent jamais, il n'y en aurait pas alors : ce sont ceux qui se trompent le moins souvent.

1° Examen critique de la Notice de M. Boulangé.

Le travail de M. Boulangé est intitulé : *Notice sur l'i-nondation de la Loire des 17 et 18 octobre 1846, sur l'effet produit dans cette inondation par les digues de Pinay et de la Roche, sur l'époque et le but de la construction de ces digues et sur les moyens qui pourraient être employés pour diminuer les crues de la Loire.* Cette Notice est si courte, si concise, si pleine de chiffres et de faits que, pour en combattre les conclusions, nous aurions été obligé de la morceler presque entièrement en citations. Or, les conséquences que nous déduisons des mêmes chiffres, des mêmes faits, sont tellement en contradiction avec celles de M. Boulangé que nous avons craint qu'on ne nous accusât d'altérer le sens des citations en les faisant incomplètes. Nous nous sommes donc décidé à faire imprimer cette Notice tout entière à la suite de cet ouvrage, d'autant plus que, ne se trouvant que dans le volumineux recueil des *Annales des ponts et chaussées,* il est impossible de se la procurer séparément. Les lecteurs auront ainsi sous les yeux toutes les pièces du procès.

M. Boulangé expose que la crue de la Loire des 17 et 18 octobre 1846 a eu pour cause une série d'orages, qui ont commencé à Montbrison le 15 au soir et n'ont cessé que le 18 vers six heures du matin.

Il résume dans un tableau la marche de la crue de la Loire depuis le pont du Pertuiset jusqu'à Roanne, d'après les renseignements qu'il a pu recueillir auprès des habitants. Il appelle ensuite l'attention sur les anomalies qu'elle présente.

« Les observations relatives à la Loire, dit-il, font
« ressortir plusieurs faits qui paraissent extraordinaires ;
« le plus remarquable, c'est que le maximum de la crue
« a eu lieu à Roanne beaucoup plus tôt qu'à la digue de
« Pinay, quoique la digue de Pinay soit à 33 kilomètres
« en amont de Roanne.

« Un autre fait également remarquable, c'est qu'à la
« digue de Pinay la crue a duré 48 heures, qu'à Roanne
« la crue a duré 90 heures environ, tandis qu'au Pertui-
« set, situé en amont du département, elle n'a duré que
« 24 heures.

« Ces anomalies dans la marche des eaux proviennent
« des digues de Pinay et de la Roche, construites sur la
« Loire entre Balbigny et Roanne.

« Ces deux digues, ne laissant aux eaux qu'un pas-
« sage de 20 mètres de largeur, ont arrêté leur écoule-
« ment naturel et ont formé, dans la partie basse de la
« plaine du Forez, un vaste réservoir où les eaux se sont
« emmagasinées, non-seulement pendant toute la pé-
« riode croissante de la crue, mais encore pendant une
« partie de la période décroissante. »

L'effet d'une retenue opérée sur un cours d'eau, par
rapport à sa partie immédiatement inférieure, lorsque
celle-ci ne reçoit pas d'affluent, est nécessairement de
retarder l'époque du maximum de la crue ; c'est même
là la base du système. Roanne, située à 33 kilomètres
au-dessous de Pinay et ne recevant depuis cette digue
que la petite rivière de Renaison, tout à fait insignifiante par rapport à la Loire, Roanne, disons-nous, doit
donc avoir ses crues après Pinay. Cependant, suivant
M. Boulangé, c'est le contraire qui est arrivé ; la crue n'a
atteint son maximum à Pinay qu'à neuf heures du matin
environ, tandis qu'à Roanne elle l'a atteint à six heures,

c'est-à-dire trois heures plus tôt. Cependant, l'eau arrivée à six heures du matin à Roanne n'était autre chose que celle qui était passée de trois à quatre heures du matin à Pinay et dont le volume était bien moins considérable que celui qui passait à Pinay à neuf heures et devait arriver à Roanne à midi environ. Ainsi, ou le fait observé est inexact, ou il tient à d'autres causes qu'aux retenues de Pinay et de la Roche, à des ruptures de digues, par exemple, qui auraient eu lieu à Roanne avant l'arrivée du maximum de crue.

Quant à la durée de l'écoulement, on ne comprend pas la relation que veut établir M. Boulangé entre deux effets qui se passent pour ainsi dire dans deux vases distincts. Tant que le vase supérieur se vide et envoie de l'eau au vase inférieur, celui-ci ne peut se vider complétement; mais quand le vase supérieur n'envoie plus rien, le temps que met le vase inférieur à se vider ne saurait dépendre de la forme du vase supérieur. Si la crue, qui a duré 48 heures à Pinay, en a duré 90 à Roanne, cela ne peut provenir ni des digues de Pinay et de la Roche, ni d'un ouvrage quelconque situé en amont.

Ces erreurs au reste n'ont pas grande importance; ce n'est pas pour avancer le moment des crues à Roanne que les digues en question ont été faites, mais pour en diminuer la hauteur, surtout en aval du Bec d'Allier. Nous ne nous y sommes arrêté que pour faire voir avec quelle facilité M. Boulangé, sur la foi de renseignements évidemment erronés ou incomplets, s'est laissé entraîner à admettre les faits les plus étranges.

Après avoir signalé ces prétendues anomalies, cet ingénieur arrive à la partie essentielle de son mémoire, c'est-à-dire au calcul du volume d'eau retenu par les digues de Pinay et de la Roche; car c'est de l'importance seule de ce volume que peuvent résulter les avantages procurés par ces digues. Or, voici comment il fait ce calcul :

Il évalue d'abord, au moyen des profils en long et en travers de la vallée (pl. II, fig. 5, 6, 7, 8, 9, 10, 11 et 12), toute l'eau contenue entre la digue de Pinay et Feurs, où cessait le remous de la crue, et il trouve que son volume est de. . . . . : 131.137.000^{m. c.}

Il y aurait bien des critiques de détail à faire sur cette évaluation [1], mais je ne m'y arrêterai pas, et, pour

[1] Le calcul de M. Boulangé est assez difficile à vérifier, les données qu'il a mises à la disposition des lecteurs étant incomplètes et inexactes. On va en juger.

Le profil en long (pl. II, fig. 5), qui d'après son titre s'étend entre Feurs et la digue de la Roche, est accompagné de sept profils en travers, dont le numéro 1 est vis-à-vis Cleppé, et non vis-à-vis Feurs.

Si le point A du profil en long correspond à Feurs, pourquoi y indique-t-on la crue comme étant de 5^m,47, tandis que dans le tableau de la crue (p. 4 du mémoire) le maximum de la crue au pont de Feurs n'est que de 3^m,40? Le profil en travers en A n'est pas donné.

La côte de l'étiage au profil 1 est de 325^m,60, au profil 2, de 325^m,65; il y a là une erreur évidente, puisque ces cotes donneraient une contre-pente. Cette erreur, qui n'existe pas dans le dessin de l'étiage, se trouve dans celui de la crue, qui doit être abaissée de 1^m,50. Ainsi, sa hauteur, au lieu d'être de 8^m,36, est de 6^m,86; cette erreur, se reproduisant dans le profil en travers, a augmenté sa surface de 3.000 mètres carrés et de 7.250.000 mètres cubes le volume de la crue.

Au profil 2, la cote de la crue, par rapport à l'étiage, est, dans le profil en long, de 9^m,56; dans le profil en travers, de 9^m,36. Au profil 3, 10^m,65 dans le profil en long, 10^m,85 dans le profil en travers. Au profil 5, 14^m,26 dans le profil en long, 14^m,20 dans le profil en travers. Au profil 6, 15^m,98 dans le profil en long, 15^m,89 dans le profil en travers. Dans les profils 5, 6, 7, les cotes de largeur ne sont point écrites; on est obligé de les prendre à l'échelle.

Les profils en travers ne sont pas perpendiculaires à la direction de la vallée, ce qui augmente beaucoup leur surface; il est vrai que leurs distances ne sont pas les mêmes sur le plan que sur le profil en long; ces deux inexactitudes se compensent-elles ?

abréger la discussion, je considérerai ce chiffre comme sensiblement exact.

Du volume précédent, il faut, comme le fait observer M. Boulangé, déduire celui qui se serait trouvé entre Feurs et la digue, sans le remous occasionné par cette digue. C'est là le point délicat de la question, celui qui demande quelques connaissances spéciales au métier de l'ingénieur. Or, M. Boulangé n'y a pas recours le moins du monde, et voici comment il opère :

En admettant, dit-il, une section d'écoulement de 1.500 mètres carrés sur 15.230 mètres de longueur, on trouve un volume de. . . . . 22.845.000$^{m. c.}$ ce qui réduit le volume d'eau, dont la digue a retardé l'écoulement, à. . . . . 108.292.000$^{m. c.}$

On voit que cet ingénieur admet précisément ce qu'il faut démontrer ; on ne trouve dans son mémoire ni un fait, ni un calcul, ni une phrase, ni un mot qui justifie l'hypothèse qui sert de base à son évaluation. Admettre pour admettre, autant valait le faire immédiatement et dire franchement qu'on admettait que la retenue était de. . . . . 108.292.000$^{m. c.}$ Ainsi ce chiffre qui a joué un si grand rôle dans l'histoire des digues de Pinay et de la Roche n'est pas le résultat d'un calcul même approximatif ; c'est une pure hypothèse à laquelle chacun serait parfaitement en droit d'en opposer une autre. Le calcul cependant était facile à faire. Avant de l'entreprendre, il est nécessaire de décrire sommairement le cours de la Loire dans la partie comprise entre Feurs et Roanne.

En jetant les yeux sur la figure 1 (pl. I), on voit qu'au-dessous du pont de Feurs, la Loire serpente dans une vallée assez ouverte pour que les grandes eaux, dont la lisière est indiquée sur le plan, s'étalent sur une largeur de 2.000 à 2.500 mètres ; qu'au-dessous de Balbigny, les coteaux se rapprochent et viennent encaisser le fleuve dans une gorge qui ne lui permet plus que de prendre une largeur de 400 à 200 mètres d'abord, puis de 200 à 150 mètres. Cette différence de largeur ressort encore de la comparaison des profils en travers représentés par les figures 6, 7 et 8, avec ceux représentés par les figures 10, 11 et 12. Cette gorge étroite, qui se prolonge presque jusqu'à Roanne sur un développement de 30 kilomètres environ, présente çà et là des étranglements formés par des saillies de rocher, comme celles sur lesquelles ont été établies les digues de Pinay et de la Roche. C'est ce qui se voit encore mieux sur la carte du service de la Loire, qu'il nous est impossible de reproduire ici à cause de sa grande échelle. C'est d'ailleurs une circonstance qui se rencontre souvent dans la nature, et que M. Boulangé explique lui-même à propos des affluents de la Loire. « En les parcourant, dit-il, on « trouve de distance en distance dans le fond des vallées « des élargissements qui correspondent à d'anciens lacs « et, au-dessous de ces lacs, des rétrécissements où il « existait autrefois un barrage naturel que les eaux ont « usé et emporté ; on pourrait réformer ces barra- « ges, » etc. Il est évident que les eaux de la Loire ont fait ici quelque chose de complétement analogue ; elles ont peu à peu tracé et approfondi un canal dans le rocher, canal étroit, sinueux, parsemé de nombreuses aspérités, comme tous les canaux qui sortent des mains de la nature. Quoi qu'il en soit de cette origine, qui ne nous paraît pas douteuse, l'état actuel est bien celui que nous venons de décrire. Or, quelle est la conséquence, par rapport à la hauteur des crues, de la grande différence de largeur des canaux dans lesquels elles s'écoulent? A cette question, tout le monde est à même de répondre que dans le canal étroit les crues seront naturellement beaucoup plus élevées que dans le canal large. Les ingénieurs, précisant davantage leur réponse, ajouteront que, toutes choses égales d'ailleurs, ces hauteurs seront en raison inverse des racines cubiques des carrés des largeurs ; ainsi, dans des canaux de 1.600 mètres et de 200 mètres de largeur, les hauteurs seraient comme $\sqrt[3]{(1.600)^2} : \sqrt[3]{(200)^2}$ ou comme 4 : 1, c'est-à-dire que si dans le canal de 1.600 mètres la hauteur était de 4 mètres, elle deviendrait de 16 mètres dans le canal de 200 mètres de largeur. Il s'agit ici de canaux de longueurs indéfinies; lorsqu'il n'en est pas ainsi, lorsqu'un canal large précède un canal étroit, on comprend que dans la partie inférieure du canal large les eaux s'élèvent à la même hauteur que dans le canal étroit, et que cette augmentation de section diminuant la pente de la surface, celle-ci se rapproche indéfiniment de la hauteur qu'elle doit avoir dans le canal large. Si l'on jette les yeux sur le nivellement de M. Boulangé (pl. II, fig. 5), on reconnaît facilement, dans la hauteur variable par rapport à l'étiage de la ligne des grandes eaux ABCDEFGHI, les traits principaux du profil, dont nous venons d'indiquer le mouvement général. Ainsi, à l'aval du barrage de la Roche, la ligne HI, élevée de 15^m,50 au-dessus de l'étiage, représente la hauteur normale de la crue dans cette partie de la gorge, hauteur qui se maintient, sauf quelques accidents dans la surface, jusqu'au profil 5, origine du canal étroit, et en amont de ce point, c'est-à-dire dans la plaine du Forez, la hauteur de la crue décroît jusqu'au point extrême A, qui n'est plus qu'à 5^m,47 au-dessus de l'étiage, hauteur qui se maintiendrait à peu près constante en amont, si la largeur du lit n'éprouvait pas de variation sensible. On peut donc considérer dans le nivellement de M. Boulangé trois parties : une partie supérieure en amont du point A, où la hauteur des crues serait de 5 à 6 mètres, hauteur qui correspond au canal large; une partie inférieure, où cette hauteur serait de 15 à 16 mètres, c'est celle qui correspond au canal étroit; enfin, une partie intermédiaire, où se produit le raccordement entre ces deux surfaces, dont la hauteur est de 10 mètres environ. La hauteur des eaux dans la plaine du Forez est donc une conséquence nécessaire de l'étranglement naturel du lit, en aval de cette plaine, de ce long défilé dans lequel les eaux s'engagent au-dessous de Balbigny. Il est vrai qu'elles y rencontrent çà et là des étranglements partiels : à Pinay en EF, à la Roche en GH, qui viennent ajouter quelque chose à cette hauteur naturelle; mais ce quelque chose est très-susceptible de calcul, comme on va le voir, et ne peut être confondu avec la hauteur totale du remous. En effet, puisque nous avons à l'aval de la digue de la Roche, au point H, la hauteur naturelle des eaux, il est facile de rétablir cette hauteur naturelle en amont de H jusqu'en F; puis, ayant cette hauteur en F, de la calculer jusqu'en D, et ainsi de suite. On obtiendra ainsi, au-dessous de la ligne pleine qui indique la surface actuelle des crues, une ligne ponctuée représentant la surface des eaux, en supposant que les remous partiels de la Roche et de Pinay n'existent pas; et le volume contenu entre ces deux lignes est le seul qu'il soit permis de considérer comme étant retenu par les étranglements de Pinay et de la Roche.

Or, lorsqu'on fait ce calcul (voir la note à la fin du

mémoire), on trouve, non pas comme M. Boulangé, un
volume de. . . . . 108.292.000$^{m.\,c.}$,
mais seulement un volume de. . . 24.914.160 ,

ce qui constitue une première erreur
de. . . . . 83.377.840$^{m.\,c.}$.

Cette erreur de plus de 80 pour 100, qu'on ne saurait contester, nous donnerait le droit de mettre de
côté le travail de M. Boulangé ; il est évident, en effet,
qu'une erreur de cette importance doit infirmer radica-
lement tous les résultats. Cependant l'attention publique a été tellement attirée sur ces malheureuses digues
de Pinay et de la Roche, qu'il n'est peut-être pas inutile de rétablir la vérité à leur sujet d'une manière complète.

Le calcul précédent suppose, et c'était là l'erreur fon-
damentale de M. Boulangé ; que les chutes de Pinay et de
la Roche sont la conséquence des digues construites, en
vertu de l'édit de 1711, par les ingénieurs Robert de La
Chatre, Poitevin et Mathieu, et dont il évalue la dépense
à 210,000 francs seulement, c'est-à-dire que si on détruisait les travaux artificiels élevés dans ces emplacements, on ferait complétement disparaître les chutes et les retenues qui en résultent. Or, il est incontestable qu'avant l'exécution de ces digues, il y avait là
des chutes naturelles produites par les étranglements
partiels du canal. Ces chutes naturelles, auxquelles on
donne le nom de *sauts* [1], se rencontrent sur beaucoup
de cours d'eau. Qui ne connaît le saut du Rhône, du

---

[1] *Saut* se dit aussi d'une chute d'eau qui se rencontre dans le
courant d'une rivière. *Il y a dans cette rivière des sauts dans trois
ou quatre endroits (Dictionnaire de l'Académie).*

Doubs et celui du **Tarn**, au-dessus d'Albi, dont la hauteur est de 24 mètres ?

L'existence de ces chutes est démontrée par l'édit de 1711, reproduit par M. Boulangé à la suite de sa Notice. On y lit en effet : « Ledit sieur Robert s'est transporté « sur les lieux, en exécution des ordres de Sa Majesté, et « a dressé son procès-verbal, par lequel il paraît que, de- « puis le port Garet jusqu'aux piles de Pinay, il a été « ôté, par les entrepreneurs de la navigation, des rochers « en six endroits, qui occupaient le lit de la rivière ; que, « depuis lesdites piles jusqu'au *sault* de Pinay, il a pa- « reillement été ôté des rochers en trois endroits, de « 7 toises et demie de longueur et de 20 à 25 pieds de « hauteur, et qu'il en a été coupé d'autres, tant au-des- « sus de ce sault qu'entre le moulin et le château de la « Roche, où la rivière était ci-devant retenue plus qu'en « aucun autre endroit, et ne s'en échappait que par « un intervalle très-étroit entre deux rochers, et que le « reste de son lit était aussi occupé par d'autres rochers « de 30 pieds de haut, que les entrepreneurs de la navi- « gation ont aussi fait sauter, » etc.

Faisons remarquer d'abord qu'il résulte de cette citation, qu'entre l'endroit dit *les piles de Pinay* et le point où la digue a été construite, il existait un saut naturel, et qu'il eût été très-important d'en accuser la chute dans le nivellement. Cette omission de M. Boulangé nous paraît être une conséquence de son erreur ; il croyait probablement qu'il n'y avait de chute possible que là où existaient des barrages artificiels, car nous ne saurions admettre qu'il ait dissimulé sciemment cette chute naturelle, qui aurait jeté du doute sur la cause principale des chutes de la Roche et de Pinay. Eh bien, on voit dans cette citation qu'*à la Roche l'eau était plus retenue qu'en aucun autre endroit;* il faut donc conclure de là qu'avant la digue il y avait à la Roche un saut naturel.

Cela résulte d'ailleurs bien clairement de la légende du projet des anciens ingénieurs.

Les rochers dont il est question à la fin de la citation précédente sont indiqués sur le plan (pl. II, fig. 4) par la lettre D, et la légende s'exprime ainsi : « D, rochers « qui ont estez razés pour le passage des bateaux que la « *chutte* de la rivière poussait dessus. »

Cette même légende indique de plus, dans le lit du fleuve, en aval des rochers D, un point B *où il ne se trouve point de fond.*

Cet affouillement dans le rocher indique quelle était la puissance de cette chute naturelle.

Enfin, on lit encore dans cette légende :

« A, chasteau de la Roche bâti au bord de la rivière « où se fait la navigation, élevé de 67 pieds au-dessus « des basses eaues d'esté.....

« Depuis le chasteau en descendant sont des rochers « vifs de 18 à 20 pieds de haut, que la rivière inonde en « passant autour de la masse du chasteau, et qui est « montée jusque dans la cour. »

Ne semble-t-il pas résulter de cette description, faite par l'ingénieur Mathieu, que l'eau était déjà montée à 67 pieds ($21^m,70$) au-dessus de l'étiage? Or, le nivellement de M. Boulangé n'accuse que $21^m,47$ de crue, en amont du barrage. N'est-on pas en droit de conclure de là que la digue de la Roche n'a pas même complétement re-produit l'effet des rochers qu'avaient fait *razer* les entrepreneurs de la navigation ?

En effet, si l'on considère le profil en travers de la Loire au château de la Roche (pl. III, fig. 6), on reconnaît que, par un jeu de la nature, le rocher qui forme le

fond et les rives présente l'apparence d'un pertuis de
24 mètres de largeur moyenne, accolé à un barrage con-
cave élevé à 12 mètres au-dessus de l'étiage ; les figures 3
et 4 de la planche II font voir que ce profil bizarre se prolonge sur une certaine étendue du lit. N'est-il pas évident, à première vue, que ces circonstances naturelles
doivent occasionner la plus grande partie du remous
accusé par le nivellement de M. Boulangé? Quoi! la
Loire qui, entre Feurs et Balbigny, à une largeur de
2.400 mètres, et de 150 entre Pinay et la Roche, se
trouve tout à coup obligée de passer dans un petit canal
naturel de 24 mètres de largeur moyenne, avec une vitesse de 14 mètres par seconde, et cela se pourrait sans
qu'il y eût saut, c'est-à-dire, forte pente sur une certaine
étendue [1] ! Il faut, en vérité, que M. Boulangé ait été
bien aveuglé par l'espèce de découverte archéologique
qu'il avait faite au sujet de ces digues, et par certaines
idées préconçues, pour commettre une pareille méprise.

[1] M. Boulangé n'a donné dans son mémoire aucun jaugeage des
eaux de la Loire, correspondant au moment de son nivellement ;
mais nous trouvons dans un très-remarquable mémoire de MM. Vauthier (*Annales des ponts et chaussées* de 1848) une note fort inté-
ressante sur ce sujet. On y lit en effet :
« Dans la dernière crue de la Loire, celle du 18 novembre 1846,
« trois sections transversales, dont les largeurs, profondeurs
« moyennes et aires ont varié seulement de 152 à 160 mètres, de
« $9^m,05$ à $9^m,88$, et de 1.450 à 1.502 mètres, ont été faites dans une
« partie du lit du fleuve creusée dans le rocher, entre les digues de
« Pinay et de la Roche, à 390 et 490 mètres d'intervalle, et un ni-
« vellement fait avec soin a établi que la pente de superficie, entre
« les deux sections extrêmes, avait été de $0^m,751$ ou de $0^m,000.939$
« par mètre. A moins de nier la formule même du mouvement
« uniforme des eaux courantes, il faut admettre que ces pentes et
« dimensions du lit d'inondation supposent un débit d'environ
« 7.000 mètres cubes par seconde et des vitesses moyennes de
« $4^m,65$ à $4^m,85$. »

Lorsque notre attention fut appelée sur la Notice de
M. Boulangé, par les circonstances dont nous avons
parlé plus haut, le simple examen des planches nous
fit apercevoir cette erreur capitale. Celle que nous
avons signalée la première, celle des 83 millions de
mètres cubes, si monstrueuse qu'elle soit, demande
pour être mise en évidence quelques calculs, bien simples, il est vrai ; mais encore faut-il les faire. Ici, il ne
faut avoir que des yeux, pour ainsi dire. Cette erreur
est tellement bizarre, qu'avant de l'imputer à M. Boulangé, nous avons cru devoir consulter quelques-uns de
nos camarades, pour savoir s'il n'y avait pas là quelque
considération qui nous échappait et nous trompait nous-
même. Ce n'est que lorsqu'il nous ont confirmé dans
notre opinion que nous sommes entré plus avant dans
l'examen de cette Notice, et que nous y avons trouvé
beaucoup d'autres erreurs qui expliquent celle-ci ; car
leur ensemble prouve que M. Boulangé avait abordé là
un sujet qui lui était complétement étranger.

Nous n'insisterons pas davantage sur la chute de la
Roche. Le calcul de la note placée à la fin de cet ouvrage démontre, en effet, que le remous total, de 6 mètres à la Roche, se réduit à $0^m,27$ au pied du barrage de
Pinay. Inutile donc de s'arrêter à une question qui ne
peut avoir d'importance numérique. Nous n'avons à
nous occuper sous ce rapport que du barrage de Pinay.

La section naturelle de la Loire aux piles de Pinay [1],

---

[1] En examinant cette section naturelle, dans la planche III, où
elle se trouve coupée en deux figures (fig. 2 et 5), il ne faut pas
perdre de vue que la figure 2 représente une élévation parallèle à la
digue et non perpendiculaire au courant ; mais à l'aide du plan
figure 1, et des coupes figures 3 et 4, il est facile de reconstruire
cette section perpendiculaire qui, seule, peut donner une idée de l'é-
tranglement.

emplacement choisi pour la construction d'une digue, est, comme à la Roche, un étranglement composé d'un canal profond de 20 mètres de largeur, et d'un barrage formé par des rochers ; mais le pertuis n'est pas, comme à la Roche, séparé du barrage par un massif insubmersible, et le barrage naturel est beaucoup moins élevé. En un mot, l'étranglement naturel est ici beaucoup moins prononcé qu'à la Roche, mais l'étranglement artificiel l'est beaucoup plus. Or, pourquoi, dans ces circonstances, la chute de Pinay n'est-elle que de $2^m,92$, tandis que celle de la Roche est de 6 mètres ? Comment expliquer une aussi grande différence, si ces chutes ne sont que le résultat des barrages construits et des largeurs laissées aux pertuis ? Il est vrai qu'il n'y a d'autre explication possible que celle-ci : c'est que les chutes sont presque entièrement le résultat des étranglements naturels qui existent dans l'emplacement des barrages, et que si les étranglements artificiels sont égaux, les étranglements naturels, en amont et en aval, sont en longueur et en largeur très-différents. Il est même à remarquer que, dans son profil, M. Boulangé n'indique ni à Pinay, ni à la Roche, des cataractes ou chutes brusques, comme en produisent les barrages artificiels, mais des pentes sur 77 mètres de longueur à Pinay, sur 115 mètres à la Roche, pentes comme celles qui sont le résultat des courts étranglements longitudinaux. Ce nivellement est en contradiction complète avec l'hypothèse qui sert de base au travail de M. Boulangé. Il est d'ailleurs conforme à ce qui a lieu au passage de tous les barrages noyés par l'aval : on sait que dans les grandes eaux leur chute finit par disparaître ; or, dans les dessins de M. Boulangé, les eaux de 1846 dépassent le couronnement de 4 mètres, et, à 77 mètres à l'aval, elle sont encore à un mètre environ au-dessus de la crête du barrage. A cette hauteur des eaux, la chute due au barrage peut donc être considérée comme insignifiante.

Il faut d'ailleurs remarquer que la direction du barrage de Pinay est celle d'un ajutage du genre de ceux qu'on adapte aux orifices, pour diminuer les effets de la contraction. Sans doute, il rétrécit la section, mais en même temps il la régularise et fait converger les filets dans la direction de l'axe du courant, tandis que la forme naturelle du lit (pl. II, fig. 2, et pl. III, fig. 1) devrait produire une contraction. Or, on sait combien la contraction est puissante pour diminuer le débit, puisqu'elle peut paralyser la section de près de moitié. Il n'y aurait donc rien d'étonnant à ce que le barrage de Pinay n'eût en réalité produit qu'un résultat tout à fait différent de celui auquel s'attendaient MM. La Chatre, Mathieu et Poitevin.

Ce qui semblerait le prouver, c'est la légende du projet de l'ingénieur Mathieu. On y lit en effet :

« Quoy qu'il paroisse que les pilles qu'on voit con-
« struites aient été à dessein d'y faire un passage avec
« un planché de bois, que la rivière doit avoir emporté,
« puisqu'elle a passé à la hauteur des pilles, qui sont de
« 40 pieds, » etc.

Or, si l'on se reporte à la figure 3 de la planche III, on voit que le barrage a une hauteur sur le rocher de $10^{m},11$, et comme l'eau passe sur le barrage d'environ 4 mètres, on peut en conclure que les crues qui emportaient le plancher placé sur des piles de 40 pieds devaient être sensiblement égales à celles qui passent de 4 mètres sur le barrage.

Quoi qu'il en soit, il est incontestable qu'avant la construction de la digue il y avait à Pinay un étranglement naturel et même un ancien étranglement artificiel, produit par les culées et les piles d'un ancien pont romain, qui déjà, à cette époque, devaient produire un remous notable. Il faudrait donc, pour calculer le volume de la retenue opérée par les ingénieurs de 1711, du remous actuel de Pinay retrancher le remous primitif. Ici, en présence de l'insuffisance des données et de l'impuissance de l'hydraulique dans ces sortes de calculs [1], nous serions obligé de réduire arbitrairement le chiffre total de la retenue, que nous avons évalué à 25 millions de mètres cubes, au quart, au tiers, à la moitié, pour arriver au résultat cherché. Mais il y a dans la question une inconnue, dont nous n'avons pas tenu compte jusqu'ici, qui ne nous permet pas plus d'admettre cette moitié, ce tiers ou ce quart que le tout. Comme nous l'avons déjà dit, lorsque les digues furent construites, un grand nombre d'étranglements naturels, tant en amont qu'en aval de Pinay, avaient été détruits par les entrepreneurs de la navigation. L'arrêt du Conseil de 1711 constate « *qu'entre le port Garet* (commencement « de la gorge) *et les piles de Pinay, il a été enlevé, par* « *les entrepreneurs de la navigation, des rochers en six en-* « *droits qui occupaient le lit de la rivière; que depuis lesdites* « *piles jusqu'au saut de Pinay, il a été ôté des rochers en* « *trois endroits de 7 toises et demie de longueur et de 20 à* « *25 pieds de hauteur.* »

Si donc, par un calcul plus savant que celui que nous saurions faire en pareille circonstance, on parvenait à nous démontrer que définitivement on peut attribuer à la digue de Pinay une retenue de 8 ou 10 millions de mètres cubes, c'est-à-dire que si on détruisait cette di-

---

[1] Voir nos *Etudes théoriques et pratiques sur le mouvement des eaux courantes*, p. 167 et suivantes.

gue, la retenue actuelle des grandes eaux diminuerait de cette quantité, voici ce que nous répondrions : Au point de vue théorique de la question, ce n'est pas la retenue actuelle qui doit être calculée, c'est la retenue par rapport à l'état du lit avant l'enlèvement des rochers. Car, si les digues construites en 1711 n'ont fait, sous le rapport du régime des eaux, que remettre les lieux dans l'état où ils se trouvaient avant cet enlèvement, qui datait de 1706, on ne peut pas dire qu'il y ait eu retenue artificielle. Or, l'état des lieux en 1706 n'étant constaté nulle part d'une manière plus précise qu'il ne l'est dans l'arrêt du Conseil de 1711 que nous venons de citer, il est impossible de prouver aujourd'hui que la retenue artificielle opérée en 1711 est plus grande que la retenue naturelle de 1706. Qu'on remarque en effet que toute la discussion roule sur la hauteur de la crue au point D, commencement de la gorge, hauteur cotée 13^m,72 par M. Boulangé, et attribuée par lui aux barrages de la Roche et de Pinay, et, par nous, au peu de largeur du lit de la Loire dans la gorge du Forez et à des étranglements accidentels de ce lit. En effet, en aval du barrage de la Roche, là où ce barrage et celui de Pinay sont sans influence, là où on ne peut plus admettre d'autre cause que la forme du lit, on trouve 15^m,50 de crue, c'est-à-dire 1^m,78 de plus qu'à 5 kilomètres en amont de la digue de Pinay. Rien donc n'autorise à considérer ce barrage comme la cause de cette hauteur.

En résumé, lorsqu'on cherche à se rendre compte des modifications apportées au régime des grandes eaux lors de la construction des digues de Pinay et de la Roche, on arrive à cette conclusion : 1° Qu'il est impossible d'affirmer qu'il ait été fait la moindre retenue; 2° que s'il en a été fait une, elle est certainement insignifiante, et n'a aucune espèce de rapport avec les chiffres monstrueux de M. Boulangé.

Nous venons de détruire la base de tout le travail de cet ingénieur, les conséquences qu'il en a déduites vont naturellement s'écrouler, d'autant plus qu'elles n'étaient pas par elles-mêmes bien solides. Ainsi, de 108 millions de mètres cubes retenus en seize heures par les digues, il en conclut une retenue moyenne de 1.823 mètres cubes par seconde, et une retenue maximum de 3.646 mètres cubes [1] ; de sorte que, *sans les digues de Pinay et de la Roche, la crue de la Loire, évaluée à 7.300 mètres cubes par M. Vauthier, aurait pu être de moitié en sus de ce qu'elle a été. Dans ce cas, il est probable que toute la partie inférieure de la ville de Roanne aurait été immédiatement détruite...* Que les habitants de Roanne se rassurent, ils ont pour retenir les eaux du réservoir du Forez, non pas les frêles ouvrages construits par les ingénieurs de 1711 et qui pourraient bien être emportés dans une crue, mais une gorge étroite de 30 kilomètres de long que les eaux diluviennes ont creusée, mais que les eaux actuelles respecteront toujours. C'est-à-dire, que les circonstances locales et le régime des eaux qui en est la conséquence datent, non pas de 1711, mais du temps des déluges géologiques. Du reste, il y a longtemps que le bon sens public est de notre avis à ce sujet, car M. Boulangé ajoute :

[1] Une digue qui retient 3.646 mètres cubes par seconde est une digue qui retient deux fois autant d'eau que n'en roule une grande crue de la Seine à Paris. Donc, si pour préserver cette ville des effets de ces crues, on venait à barrer complétement le fleuve en amont, par une digue d'une hauteur indéfinie et s'étendant des coteaux de la rive gauche à ceux de la rive droite, on ne ferait qu'une retenue moitié moindre que celle que M. Boulangé attribue au barrage de Pinay.

« Si les digues de Pinay et de la Roche ont eu en
« effet sur la dernière crue l'influence que nous venons
« d'indiquer, on doit s'étonner que cette influence
« n'ait pas été remarquée, lors de la crue de novembre
« 1790, qui s'est élevée à peu près à la même hauteur
« que celle de 1846 en amont de la digue, et l'on doit
« s'étonner surtout que l'administration et le public
« aient complétement perdu de vue le but de ces deux
« constructions, qui n'étaient plus considérées que
« comme des monuments historiques, dont on connais-
« sait à peine l'origine. »

Le public et l'administration avaient cent fois raison
dans cette affaire, et il est facile de se rendre compte de
ce qui s'est passé alors par ce qui se passe aujourd'hui
en pareille circonstance. Quand une crue arrive dans
une vallée, s'il y existe quelque ouvrage récent, pont,
chemin de fer, levée, canal, etc., vous pouvez être sûr
que le public n'attribuera pas la crue aux pluies torrentielles qui l'ont précédée ; vous aurez beau lui dire
qu'avant le pont, le canal ou le chemin de fer, il y a eu
des crues plus fortes, il ne vous croira pas, et ne laissera
l'administration tranquille que lorsqu'elle aura fait là
une arche de décharge, là un déversoir. De sorte que
celle-ci est presque toujours conduite à faire des travaux qui, au point de vue de l'hydraulique, ne sont pas
bien motivés, mais qui le sont au point de vue politique ;
car, si ces travaux n'enlèvent pas le mal, ils en enlèvent du moins la peur, et c'est bien quelque chose. Or
donc, de 1687 à 1711, la Loire avait eu quatre grandes
crues ; naturellement on se plaignit très-haut ; il fallut
trouver un coupable [1] : les entrepreneurs de la naviga-

---

[1] L'arrêt précité porte : « Vu le procès-verbal du 21 janvier 1711,
« l'avis dudit sieur Robert par lequel il paraît évident que quatre

tion venaient de raser çà et là quelques rochers qui gênaient la marche des bateaux dans les gorges du Forez; on s'en prit naturellement à leurs travaux, et, cédant au mouvement de l'opinion publique, aux conseils peu éclairés de l'intendant Robert et des ingénieurs Mathieu et Poitevin, l'administration remplaça les rochers par quelques maçonneries; l'enlèvement des uns n'avait pas fait de mal, l'addition des autres ne fit pas de bien. De nouvelles crues survinrent; elles occasionnèrent, comme autrefois, de grands ravages, et, naturellement, le public et l'administration, voyant que tout se passait comme devant, oublièrent les digues de Pinay et de la Roche, et *perdirent de vue leur but*. Il n'y a rien là qui puisse étonner un ingénieur, car c'est l'histoire de beaucoup de travaux de cette nature.

M. Boulangé s'est donc fait une illusion complète sur la cause de la retenue qui existe dans la plaine du Forez. Mais, dira-t-on, qu'importe la cause de la retenue? qu'elle soit naturelle ou artificielle, elle n'en existe pas moins; nous ferons ailleurs, non pas ce que la main de l'homme, mais ce que la nature a fait ici.

Nous acceptons l'objection, mais nous devons faire remarquer qu'elle change complétement l'état de la question. Nous nous trouvions en présence d'un système qui avait pour lui, disait-on, la sanction d'une *longue* expérience; on nous présentait la digue de Pinay comme un ouvrage que la sage prévoyance de nos pères avait élevé pour notre sécurité et pour nous servir d'exemple

« inondations survenues depuis 1687 ont été causées par les rup-
« tures de rochers qui ont été faites et enlevées en 1706, » etc., etc.
Ainsi, voilà des rochers, enlevés en 1706, qui auraient causé des inondations en 1687! Et d'après le sieur Robert cela est évident, donc haro sur les entrepreneurs de la navigation! *Voir la note de la p. 100*

(M. Collignon). On nous disait (M. Boulangé) qu'en comparant la dépense de construction des digues de Pinay
et de la Roche au résultat produit, on était obligé d'a-
vouer que les travaux du gouvernement produisent rarement un effet utile aussi considérable. Eh bien !
maintenant le terrain de la discussion est complétement
débarrassé de la question de fait ; le système des retenues n'a jamais été expérimenté, et on ne saurait invo-
quer en sa faveur que des considérations théoriques.
Nous allons, dans la seconde partie de cet ouvrage, essayer de lui ôter ce dernier appui.

2° Examen du système des retenues.

Si nous comprenons bien le système des retenues, il
consisterait dans l'établissement de digues transversales
placées sur un certain nombre des affluents du cours
d'eau principal. Ces digues, en retenant les eaux tout le
temps nécessaire pour remplir les bassins supérieurs, en
retarderaient l'écoulement, de sorte qu'elles n'arriveraient dans les parties inférieures des vallées qu'après le
passage des eaux des affluents qu'on aurait laissés libres. La durée des crues serait ainsi augmentée, ce qui
est sans inconvénient ; mais leur hauteur serait notable-
ment diminuée, ce qui est l'essentiel.

Ce système a, il faut le reconnaître, quelque chose de
séduisant par sa simplicité et par les résultats qu'il semble promettre. Les digues longitudinales qui, pour être
complètes, doivent suivre les deux rives du cours d'eau
principal, remonter celles des principaux affluents et
faire le tour des îles, donnent lieu, par leur immense dé-

veloppement, à un tel travail, à une telle dépense, à de
si nombreuses chances d'avaries, que l'imagination s'en
trouve découragée. Dans le système des retenues, il ne
s'agit plus de suivre les interminables contours des vallées, mais simplement de les barrer à leur sommet. Au
premier aperçu, la proportion entre les dépenses paraît
être dans le même rapport que la longueur d'un cours
d'eau l'est avec sa largeur. Le mal est pris à sa source,
dès qu'il se présente, et le remède agit spontanément et
l'arrête avant qu'il ne se soit développé. S'ils devaient
réussir, ces barrages ouverts auraient pour ainsi dire
quelque chose de providentiel dans leur manière d'agir;
l'homme pourrait se vanter d'avoir dompté et asservi un
des plus terribles éléments. C'est ce qui explique leur
succès dans l'esprit de beaucoup de personnes; mais
quand, résistant à ce premier entraînement, on examine
la question de plus près, quand on l'étudie sous toutes
ses faces, il arrive ce qui arrive, du reste, pour presque
toutes les sciences quand on les approfondit, c'est que
le merveilleux disparaît et qu'on se retrouve en présence
de la triste réalité, hérissée de ses difficultés ordinaires.

M. Boulangé ne s'est pas contenté de constater les
circonstances de l'inondation de 1846, et d'apprécier à
sa manière le rôle joué alors par les digues de Pinay et de
la Roche, il a encore développé le système qui a motivé leur établissement et indiqué comment on pourrait
en faire une heureuse application à la Loire. Le meilleur moyen de réfuter cette partie du travail de M. Boulangé nous paraît être de faire voir les difficultés qu'aurait rencontrées l'exécution de son projet, et son insuccès
complet dans le cas où il serait parvenu à les vaincre.
Nous généraliserons d'ailleurs assez nos observations
pour qu'elles atteignent non-seulement le projet de

M. Boulangé, mais tous ceux qui pourraient en dériver, soit pour la Loire, soit pour d'autres cours d'eau.

D'après certaines considérations locales, sur lesquelles nous reviendrons plus tard, M. Boulangé cherche à démontrer qu'il y a tout avantage à retarder les crues de la Loire en amont de Roanne. En conséquence, il conclut à ce qu'on établisse deux barrages dans chacun des douze affluents qu'il désigne, et quatre ou cinq dans les gorges de la Loire, en amont de la plaine du Forez, ce qui pourrait occasionner une dépense de 4 millions au plus. Au moyen de ces travaux, *on prolongerait assez la durée des crues pour que les eaux ne puissent plus atteindre les hauteurs excessives qui sont la cause de tous les désastres.* Il lui semble *difficile de trouver une solution plus simple et plus économique d'une question qui devient de jour en jour plus grave*, etc., etc.

Il est fort difficile d'évaluer *à priori* la dépense matérielle d'un des barrages projetés par M. Boulangé, et qu'il ne porte qu'à 140.000 francs environ, en se basant sur ce que doivent avoir coûté les barrages de la Roche et de Pinay. Cette dépense dépend, en effet, à un très-haut degré, des circonstances locales. Nous ne contestons pas que les barrages de la Roche et de Pinay aient peu coûté; mais, comme on l'a vu, d'une part, ce ne sont que des simulacres de barrage qui n'opèrent que des retenues insignifiantes, et, d'autre part, ils sont établis dans des localités très-exceptionnelles, où la nature avait laissé peu de chose à faire à l'art. Mais trouvera-t-on partout des emplacements aussi favorables? Il ne faut pas, en effet, assimiler ces digues de retenue aux barrages qu'on établit pour faciliter la navigation ou pour faire mouvoir les roues hydrauliques des usines.

Les barrages et les pertuis ordinaires ont, en effet,

pour but de modifier et de relever la hauteur des *basses
eaux*. Dans les grandes eaux, la chute s'efface pour ainsi
dire, et l'emplacement où ils se trouvent dans le cours
d'eau n'a pas beaucoup plus à souffrir que le reste. On
prend d'ailleurs toutes les précautions pour qu'il en soit
ainsi ; on multiplie les pertuis, on allonge les barrages,
et on a même considéré comme une très-heureuse invention l'idée qu'a eue M. Poirée de les rendre mobiles
pour pouvoir les coucher en temps de crue. En effet, il
arrive souvent que les barrages fixes sont emportés avec
les pertuis qui les accompagnent. Mais ici il s'agit de
barrages de hautes eaux, de barrages dont la fonction
est de produire de grands remous dans les crues, de pertuis où l'eau doit passer avec une vitesse torrentielle.
Il n'y a donc aucune espèce de comparaison à établir
entre les deux genres de travaux dont le but est si différent. Nous ne voulons pas dire qu'il y ait là une impossibilité qu'on ne pourra pas surmonter, mais nous
soutenons que ces travaux occasionneront certainement
des dépenses très-grandes et qui n'ont aucune espèce de
rapport avec les chiffres de M. Boulangé et avec ce qu'ont
pu coûter les digues de Pinay et de la Roche. Quoi qu'il
en soit, c'est la moindre difficulté du système, et je ne
m'y arrêterai pas davantage.

La grande difficulté, la difficulté sérieuse, c'est de
trouver pour ces barrages des emplacements tels que les
retenues qu'ils sont destinés à opérer ne produisent pas
des dommages plus considérables que ceux qu'ils doivent prévenir. Il faut remarquer, en effet, que le premier résultat de ce système est d'inonder une partie du
sol qui ne l'est pas aujourd'hui. Or, où trouver des emplacements convenables pour ces immenses réservoirs ?
Partout, depuis longtemps, l'homme dispute aux gran-

des eaux le terrain cultivable, et il a poussé ses cultures,
ses travaux, ses habitations, jusqu'aux dernières limites
qu'atteignent les crues; presque partout même il les a
dépassées, préférant supporter quelques inconvénients
accidentels que d'abandonner des terrains précieux.
Cela est si vrai que, lorsque, dans l'établissement de
nouvelles voies de communication, il s'agit de traverser
les vallées par des digues insubmersibles, on est obligé
de les percer de nombreuses ouvertures, pour apporter
le moins de changement possible au niveau des grandes
eaux, et que quand un remous insignifiant est produit,
l'administration, cédant aux réclamations quelquefois
même peu fondées des populations, est obligée d'ajouter
de nouvelles arches aux ponts déjà construits. Mais, ob-
jectera-t-on, les populations supportent bien les réservoirs naturels, pourquoi ne supporteraient-elles pas les
réservoirs artificiels? Les réservoirs naturels sont sup-
portés, parce qu'ils sont naturels, qu'on a acquis les terrains inondés dans l'état où ils se trouvent. Le propriétaire d'un marais, qui en a hérité ou qui l'a acheté
comme marais, n'est pas étonné de le trouver tel et de n'y
récolter que du jonc. Il ne s'avise pas, et personne ne
s'est avisé avant lui, d'y bâtir des granges, des écuries,
des fermes; les usines, les chemins, les travaux publics
et particuliers, tout est arrangé en vue du niveau actuel
des grandes eaux, et on ne peut plus le modifier sans
convertir des champs, des prairies en marais, sans amener les eaux dans les maisons d'habitation, sans inonder
les voies de communication, en un mot, sans détruire
les richesses artificielles que la civilisation a accumulées
sur les terrains les plus fertiles. Cette impossibilité n'a-
vait pas échappé à M. Vallée; cet habile ingénieur la
fait parfaitement ressortir dans l'ouvrage qu'il a publié

sur le Rhône et le lac de Genève, ouvrage où il met en avant un système qui, au premier coup d'œil, a quelque analogie avec celui que nous combattons, mais qui en est essentiellement différent. Ce système consiste à obtenir une réserve dans le Léman, au moyen de l'*abaissement* des eaux du lac. M. Vallée, en dérasant le seuil, crée ainsi une réserve tout entière comprise au-dessous du niveau actuel. Il est évident qu'il aurait pu obtenir le même résultat en relevant les eaux du lac au moyen d'un barrage, mais il s'en est bien gardé; car la hauteur des eaux du lac étant déjà nuisible aux populations riveraines, la proposition de les relever aurait ôté à son projet toute chance de succès. Voici, au reste, comment il s'exprime à ce sujet (page 252) :

« Supposons que le lac de Genève soit desséché et qu'il « s'agisse de le recréer. Ses profondeurs étant petites par « rapport à ses largeurs, on peut dire que, soustrait au « séjour des eaux, il serait partout cultivé. Or, en esti- « mant l'hectare de terrain en culture à 5,000 francs et « la superficie du lac étant de 60,000 hectares, les in- « demnités à payer seraient de plus de 180 millions, car « il y aurait certainement des habitations et même des « villages entiers sur cette plaine. Les lacs du Bourget « et d'Annecy, s'ils étaient desséchés et qu'il fallût les « rétablir, proportion gardée, ne seraient pas d'un « moindre prix.

« De même, si l'on voulait transformer la plaine de « Chamouny ou celle de Bourg-d'Oisans, dans l'Isère, en « vastes réservoirs, il faudrait faire des dépenses qui « excéderaient évidemment les avantages.

« De là il suit qu'on ne peut guère obtenir des ré- « serves d'eau d'une capacité d'un million de mètres « cubes, par exemple, en couvrant d'eau des espaces

« desséchés, et qu'il faut recourir, pour avoir de telles
« réserves, à de grands lacs naturels, dont on barre le dé-
« bouché afin de conserver une tranche d'eau disponible.

« On ne doit pas compter d'après cela que la réserve
« de Genève puisse être bien sensiblement augmentée
« par des réservoirs à créer dans le Valais et dans les
« autres vallées qui versent leurs eaux dans le Léman. »

Tels sont, d'après M. Vallée, les obstacles économiques qui s'opposent aux réserves artificielles, et peut-
être cette citation aurait-elle dû nous dispenser de présenter les considérations dont nous l'avons fait précéder.
La démonstration à cet égard est tellement concluante,
qu'elle soulève dans notre esprit, contre le système
même de M. Vallée, une objection qui nous paraît grave.
Si, en 1843, à l'époque où M. Vallée écrivait son in-
téressant mémoire, le lac de Genève desséché pouvait
être évalué à 180 millions, cette valeur, déjà bien supérieure aujourd'hui, doit suivre une progression as-
cendante très-rapide, tandis que les dépenses du desséchement en suivent une inverse; de sorte que cette
entreprise devient de plus en plus avantageuse et de
plus en plus probable. Car ce que nous disions en 1848,
à propos des défrichements, peut parfaitement s'appliquer aux desséchements. « A mesure que la population
« augmente, il faut bien demander au sol un supplément
« de subsistances pour les nouveaux venus. Sans doute,
« le sol déjà cultivé, sollicité par un travail plus nom-
« breux et plus puissant, en fournit une partie, mais on
« s'adresse aussi au sol qui n'est pas encore cultivé. Le
« haut prix qu'atteignent les subsistances permet au pro-
« priétaire de défricher et de mettre en culture certaines
« parties du sol qui ne l'étaient pas, à cause de la grande
« quantité de travail qu'elles demandaient... Mais si la

« demande de blé augmente, si l'agriculture, par ses pro-
« grès, en fait produire une plus grande quantité à cha-
« que hectare dont le prix s'élève à 3.000, 4.000 ou
« 5.000 francs, si, de plus, les capitaux deviennent plus
« abondants, si les outils se perfectionnent, etc., etc...;
« évidemment l'hectare de bois sera défriché et converti
« en terre à froment. C'est ainsi que les forêts des Gaules
« ont disparu successivement, à mesure que la civilisa-
« tion et la population se sont développées. »

Il est impossible, lorsqu'on considère la marche en-
vahissante de l'agriculture, qui étend sans cesse son do-
maine, de ne pas prévoir qu'elle ne respectera pas plus
les lacs qu'elle n'a respecté les forêts, les marais, les
étangs et la mer elle-même.

Si donc le lac de Genève peut être desséché en tout ou
en partie, soyez sûr qu'il le sera. Avant donc de lui as-
signer ce rôle de régulateur des eaux du Rhône, il faut
bien se rendre compte s'il n'y a pas des chances pour que
dans un avenir prochain l'agriculture ne demande les
terrains précieux, qui, dans le système de M. Vallée,
doivent être éternellement recouverts par les eaux.

Il semble donc qu'on peut dire à un point de vue général que faire de la conservation des lacs la base d'un
système régulateur des eaux, c'est vouloir arrêter l'ex-
tension de l'agriculture ; que prendre pour base de ce
système la création de lacs artificiels, c'est vouloir la
faire rétrograder.

A Dieu ne plaise que je présente cette objection au
projet de M. Vallée comme un obstacle invincible; il n'y
a pas de règle sans exception, et peut-être que la disposition des lieux est telle que le desséchement de tout ou
partie du lac doive être considéré comme un projet qui
ne pourra s'exécuter que dans un avenir trop éloigné

pour qu'on ait aujourd'hui à s'en occuper. Je dis seulement qu'il faut, avant d'exécuter le projet, réfuter l'objection, et que si, dans les conférences diplomatiques à ouvrir à ce sujet, les représentants de la Suisse faisaient valoir l'importance future et peut-être prochaine de cette réserve de terrain, il faudrait pouvoir leur démontrer que le desséchement total ou partiel ne saurait devenir d'ici longtemps une opération avantageuse.

Quoi qu'il en soit de la difficulté de se servir des lacs naturels comme modérateurs des crues, il est certain que c'est là une solution tout exceptionnelle et qui ne saurait être généralisée. Si nous nous y sommes arrêté un instant, ce n'est que pour faire voir que, sur la question des lacs artificiels à créer, M. Vallée pensait tout à fait comme nous et qu'il reconnaissait que si le lac Léman n'existait pas, il faudrait bien se garder de l'inventer. Cependant cet habile ingénieur ajoute, à la suite de la note que nous venons de citer :

« Cependant les notes suivantes vont faire voir que s'il « ne s'agissait que d'obtenir 100 ou 200 millions de mè- « tres cubes d'eau par an, on pourrait cependant créer « dans ces vallées des réservoirs dont les dimensions et « les prix sont dans les usages admis. »

Puis il fait connaître les chiffres suivants pour quelques réservoirs :

	Capacité en millions de mèt. cubes.	Dépense.
Réservoirs des Andryes, Settons, etc., sur l'Yonne (projet)	125	5.000,000
Réservoirs du plateau de Lanemezau (projet)	50	4.000.000
Réservoirs de Grosbois	8,5	3.600.000
Autres réservoirs du canal de Bourgogne	20	12.000.000

Ces chiffres donnent une idée de ce que coûtent les réservoirs artificiels. Le premier, dont la dépense est relativement la plus faible, s'élève à 5.000.000 francs pour une réserve de 125 millions de mètres cubes, c'est-à-dire pour un volume égal à celui retenu dans la plaine du Forez. Nous voilà déjà bien loin des 210.000 francs de M. Boulangé ; mais les deux premiers chiffres sont des chiffres de projets non exécutés, et on sait combien, dans ces sortes de travaux, les comptes définitifs diffèrent des estimations primitives. Aussi les deux derniers chiffres, relatifs aux réservoirs du canal de Bourgogne, s'élèvent-ils à 15.600.000 francs pour une réserve de 28.500.000 mètres cubes. A ce taux, une réserve comme celle de la plaine du Forez coûterait plus de 50 millions. On dira peut-être que les réserves qu'il s'agit de créer ne devant fonctionner qu'accidentellement, les terrains qui doivent leur être consacrés ne seront pas à acquérir comme ceux des réservoirs d'alimentation des canaux dont le service doit être continu. On leur promet même une espèce d'indemnité au moyen du limon qui se déposera sur la surface. Sans doute, il n'y a pas d'analogie complète dans les deux systèmes de réservoirs, mais la destination spéciale des réservoirs d'inondation crée des difficultés particulières, qui compensent les avantages qu'ils présentent sous quelques rapports, au point de vue de la dépense.

Les réservoirs d'alimentation des canaux ont pour se remplir toute la saison pluvieuse, ce qui permet de les placer vers des sommets peu habités, et de ne pas y recevoir les eaux d'orage, qui bien vite les encombreraient. Mais pour qu'une retenue puisse avoir un peu d'influence sur le volume des crues, il faut que dans son emplacement le cours d'eau ait un débit considérable, pour qu'en en retenant une partie, on diminue sensiblement celui du cours d'eau principal; de là la nécessité de descendre à un point assez bas de son bassin le réservoir de l'affluent qu'on veut retenir. Un réservoir qui pourrait emmagasiner 100 millions de mètres cubes, et qui, eu égard à sa position élevée, demanderait un mois ou deux pour se remplir, pourrait être un excellent modérateur de l'étiage du cours d'eau à la source duquel il serait placé ; mais il est évident qu'il n'aurait qu'une influence insignifiante sur la hauteur des crues, car sa retenue par seconde serait nulle pour ainsi dire. Si le réservoir naturel de la plaine du Forez a réellement sauvé Roanne en 1846, cela tient à ce que la retenue de 108 millions de mètres cubes s'y est faite en seize heures, au moyen d'une retenue qui s'est élevée en certains moments à 3.600 mètres cubes par seconde. Or, pour obtenir de pareils résultats, pour opérer des retenues aussi puissantes, il faut barrer le cours d'eau dans un point où leur débit en temps de crue soit considérable. Ainsi, par exemple, on comprend que la Seine ne débitant à Paris que 1.800 mètres cubes dans ses grandes crues, il serait impossible d'y produire une retenue semblable à celle dont parle M. Boulangé, quand même on y ferait un barrage qui joindrait la montagne Sainte-Geneviève à la butte Montmartre. Les réservoirs d'alimentation des canaux sont donc dans des conditions toutes différentes de celles des réservoirs projetés pour les inondations. Les uns, qui n'ont besoin pour se remplir que de simples ruisseaux, peuvent être placés près des sources ; les autres qui, pour être efficaces, doivent retenir beaucoup d'eau en peu de temps, ne peuvent être placés que beaucoup plus bas, là où l'importance des cours d'eau a appelé depuis longtemps les populations sur leurs rives, là où, devenus voies de communication, ils sont eux-mêmes côtoyés ou traversés par

d'autres voies, là où ils alimentent des usines impor-
tantes. De sorte que, quoiqu'il ne s'agisse pas d'une oc-
cupation permanente comme dans les réservoirs d'alimentation, on se trouve en présence d'intérêts beaucoup
plus considérables. Il faut remarquer en outre que les
retenues proposées par M. Boulangé agissent non-seulement dans les cas de crue extraordinaire, mais même
dans les eaux moyennes. Il est clair, en effet, que ce
n'est pas seulement le régime des grandes eaux qui sera
altéré par l'établissement de barrages échancrés, mais
le régime même des eaux moyennes qu'ils transforme-
ront en grandes eaux. De sorte que pour faire peut-être
du bien tous les vingt ans, on fera certainement du
mal pendant dix-neuf. Il faudra donc tenir compte aux
propriétaires riverains non-seulement des dommages
causés lorsque la retenue fonctionnera d'une manière
utile pour les terrains inférieurs, mais des dommages
annuels qui seront la conséquence forcée de son existence. Il y a en effet, sur le bord des cours d'eau sujets
à être ravagés par les crues, des terrains cultivés situés
de manières bien différentes. Les uns sont visités par
les eaux presque tous les ans, d'autres tous les trois,
quatre ou cinq ans, etc.; il y a des digues plus ou moins
submersibles, qui les protégent, et sauvent un plus ou
moins grand nombre de récoltes. Lors donc qu'on vien-
dra altérer l'état de choses actuel par l'établissement
d'un barrage, on devra s'attendre à des demandes d'in-
demnités exorbitantes, car, encore une fois, autre chose
est de voir l'inondation enlever une récolte tous les
dix ans ou de voir se renouveler ce désastre tous les
deux ou trois ans. Ainsi il faudra, dans le bassin de l'i-
nondation, indemniser non-seulement ceux qui seront
nouvellement atteints, mais ceux qui l'étant déjà le se-

ront plus souvent et plus gravement. Quant aux propriétés bâties, il va sans dire qu'il faudra les faire disparaître, comme s'il s'agissait d'une retenue permanente.
Il est évident qu'on ne peut guère courir les chances de
les voir s'écrouler sur leurs habitants, lorsqu'elles seront
atteintes par le niveau de la retenue.

Nous pouvons citer un exemple, qui nous paraît cu-
rieux, de la difficulté que présentera la recherche de ces
emplacements de réservoirs. En 1837, un pont suspendu
fut construit à Balbigny, précisément dans cette préten-
due retenue de la digue de Pinay ; or, en remontant au
cahier des charges imposées au concessionnaire, on y retrouve la préoccupation continuelle de l'administration
de ne rien changer au régime du fleuve. Ainsi, pour le
débouché, quoiqu'on ne se trouvât qu'à quelques kilomètres en amont des fameux pertuis de la Roche et de
Pinay de 20 mètres de largeur, l'administration prescri-
vit 130 mètres ; et encore, craignant de n'avoir pas assez
fait, elle ajouta : « Les culées seront disposées de manière à
« *ne rien changer au régime actuel du fleuve et seront placées*
« *en conséquence sur la ligne même des berges actuelles.* »
Enfin, dans le paragraphe suivant, elle impose au concessionnaire l'obligation de construire une levée pour se rac-
corder avec la digue qui défend *des grandes inondations* les
terres de M. le comte de Bastard. On voit donc partout,
dans la plaine du Forez comme ailleurs, cette espèce
d'équilibre, conséquence de la lutte de l'agriculture
contre les ravages des inondations, et quant à nous,
nous n'avions pas besoin de nivellement, de plans et de
calculs, pour être assuré que les ingénieurs n'avaient pu
en 1711 soulever impunément les eaux de la Loire de 5
à 6 mètres, comme le prétendait M. Boulangé. Alors,
comme aujourd'hui, les ingénieurs étaient obligés de

respecter le régime des fleuves; pour se permettre impunément de pareils travaux, il aurait fallu venir quelques années après que la Loire, se frayant un passage à travers les gorges qui se trouvent à la suite de la plaine du Forez, mettait à découvert les vastes terrains de cette plaine.

On pourrait, il est vrai, atténuer quelques-uns des inconvénients que nous venons de signaler, en substituant aux barrages fixes dont il a été question jusqu'ici, des barrages à fermetures mobiles ; on ne retiendrait alors les eaux que quand cela serait utile aux vallées inférieures. Considéré au point de vue théorique, ce système est sans contredit bien préférable au précédent. Supposons, par exemple, que la retenue de Pinay soit effectivement, comme le supposait M. Boulangé, une retenue artificielle et construite de manière à pouvoir s'ouvrir et se fermer à volonté ; il est évident que d'abord, dans les années ordinaires, elle ne changerait rien à l'état de choses naturel, puisqu'on laisserait alors le barrage complétement ouvert. Quand arriveraient les grandes crues, la manœuvre ne se ferait qu'au moment où elle serait utile, ce qui augmenterait la durée possible de la retenue, ou plutôt la durée utile. Il est clair, en effet, que toute l'eau retenue au commencement de la crue, par le barrage à ouverture invariable, et qui aurait pu s'écouler impunément pour les pays situés en aval, emplit inutilement le réservoir et devient un obstacle à ce que plus tard il continue à recevoir les eaux. Il faut remarquer, en effet, que, pour le succès du système, il faut que la crue ne dure que le temps nécessaire pour emplir les réservoirs, et que ceux-ci, une fois remplis, débitent nécessairement tout ce qu'ils reçoivent et ne rendent plus aucun service. Il est donc très-fâcheux d'occuper une partie de leur capacité par des eaux qu'on aurait pu laisser s'écouler sans inconvénient. Il y aurait donc, pour le succès de ces retenues, un immense avantage à avoir des fermetures mobiles.

Examinons maintenant au point de vue de l'art si un pareil système est praticable. Il ne s'agit plus, comme nous l'avons dit, d'appliquer ici l'ingénieuse invention des barrages mobiles de M. Poirée : ces barrages, d'après leur destination, ne se lèvent que dans les eaux basses ; on les couche pour les crues. Les nouveaux barrages doivent au contraire se lever dans les crues et se baisser dans les eaux basses. Cette différence dans leur destination doit en amener une énorme dans leur construction et leur manœuvre. On conçoit combien le volume, la hauteur et la vitesse des eaux viennent ajouter de difficultés à la question d'art. Ce ne sont plus des masses inertes de maçonnerie brute qu'il faut opposer aux eaux, c'est un système compliqué de nombreuses ouvertures se fermant par des poutrelles, des vannes ou des portes, mises en mouvement par des mécanismes puissants et rapides ; il faut des ponts de service, des engrenages, des crics ; par conséquent du bois, de la fonte et du fer, le tout ajusté avec précision. Quelles que soient ces difficultés, nous ne doutons pas cependant qu'avec les ressources actuelles de l'art on ne parvienne à les vaincre et qu'on ne puisse établir un barrage qui pourra se manœuvrer pendant les crues à l'aide d'un personnel exercé : c'est une question de dépense. Mais ce barrage une fois exécuté, que deviendra-t-il ? que fera-t-on du personnel ? Il ne faut pas perdre de vue, en effet, qu'il s'agit d'ouvrages qui, suivant les cours d'eau où ils seront placés, ne pourront servir que tous les quinze ans, tous les vingt ans, tous les cinquante ans et quelquefois davantage ; que par suite de leur destination, ils doivent contenir beaucoup de pièces mobiles qui exigeront un entretien dispendieux, un renouvellement fréquent, un personnel nombreux et exercé. C'est tout au plus si, dans de pareilles circonstances, on pourrait compter sur l'intérêt particulier. Comment espérer qu'une administration publique qui ne peut suffire à entretenir les ouvrages qui sont d'une utilité journalière, à cause de l'insuffisance des crédits dont elle dispose, ne laissera pas dépérir ceux qui ne sont que d'une utilité aussi rare ; que pendant les années de guerre, de disette, on ne négligera pas l'entretien de ces ouvrages, qu'on maintiendra sur les lieux, et les bras croisés, un personnel nombreux, pour attendre une crue incertaine ? Tous ceux qui ont quelque expérience des hommes, et surtout des administrations, reconnaîtront que c'est là un espoir chimérique. Voyez ce qui s'est passé pour les digues de Pinay et de la Roche ; ce sont, il est vrai, de très-innocents ouvrages qui ne font ni bien ni mal, mais on croyait le contraire, et l'administration, les ayant construits dans un but qu'elle croyait éminemment utile, y devait attacher la plus grande importance. Or, M. Boulangé nous apprend ce qu'il en est advenu.

« Quoique ces constructions, dit-il, remontent à peine
« à un siècle, l'administration et le public avaient com-
« plétement oublié leur destination. A l'époque de la
« Révolution, après 1790, les riverains se sont emparés
« des pierres de taille qui recouvraient la digue de
« Pinay pour dáller leurs habitations, et l'on n'a jamais
« pensé à réparer ces dégradations. Quant à la digue
« de la Roche, elle est devenue une propriété particu-
« lière, sur laquelle on avait établi une avenue et un
« jardin, » etc., etc.

Tel est le sort réservé à tous les ouvrages qui ne sont pas d'une utilité journalière. Donc, si on faisait des barrages mobiles, au moment où il faudrait s'en servir, on ne trouverait sur place ni le matériel, ni le personnel nécessaires pour opérer la manœuvre. Mais supposons pour un instant que, sur un certain barrage, on ait été assez heureux pour maintenir le matériel en parfait état d'entretien et qu'on puisse disposer du personnel nécessaire pour opérer la manœuvre, on trouverait encore un grand obstacle dans la résistance des populations situées en amont des retenues. Qu'on se représente alors ce qui se passerait en pareille circonstance.

Nous sommes dans une plaine comme celle du Forez, mais elle n'est pas suivie par une gorge qui, en resserrant les eaux, y provoque des crues très-élevées, dont on ne se plaint pas, parce qu'on les voit souvent, et que tout est disposé en conséquence ; de sorte qu'il n'y a que des crues d'une hauteur ordinaire : du moins, c'est ainsi que les choses se passent depuis trente ou quarante ans. Mais voilà que des pluies torrentielles surviennent et qu'une crue extraordinaire, telle que les hommes de cinquante ans ne se rappellent d'en avoir vu de pareille, inonde les propriétés. Tout à coup, survient un ordre de faire fonctionner les retenues, c'est-à-dire de faire monter les eaux de 4 à 5 mètres au-dessus de leur niveau naturel. Evidemment l'administration, qui, au moment de l'établissement du barrage, aurait payé aux anciens propriétaires d'amont l'indemnité nécessaire pour jouir du droit éventuel de le fermer quand elle le jugerait nécessaire, ne devrait être exposée à aucune réclamation dans ces circonstances. Eh bien, nous sommes convaincu que les populations entières, armées de four-

ches et de fusils, viendraient mettre obstacle à la fermeture, et que l'administration locale y regarderait à deux
fois avant d'essayer de vaincre cette résistance par la
force. Sans doute, le droit serait incontestable, mais
l'utilité d'en user le serait. On se trouverait en présence,
d'un côté, d'un mal certain et présent, et de l'autre
d'un avantage incertain et éloigné. En effet, la fermeture du barrage aurait pour résultat d'inonder des terrains qui ne le seraient pas sans cette fermeture, et ne
préserverait les terrains inférieurs qu'autant que les
crues des affluents inférieurs précéderaient l'arrivée des
affluents retardés, et dans le cas où la crue n'aurait
qu'une certaine durée, circonstances qui pourraient
bien ne pas se présenter. Or, comment espérer que dans
un pareil doute l'administration locale sera assez héroï-
que pour sacrifier les propriétaires présents aux propriétaires éloignés. Nous ne doutons donc pas qu'après y
avoir réfléchi, les partisans du système des retenues ne
se décident pour les retenues fixes; nous devons dire
même qu'en supposant des retenues mobiles, nous allons
au-devant d'une objection qui pourrait nous être faite,
mais que M. Boulangé n'a réellement mis en avant que
le système des retenues fixes; c'est le seul en effet qui
puisse fonctionner. Il faut donc l'accepter avec ses inconvénients.

Voyons maintenant les résultats possibles du système.
Supposons qu'après la terrible leçon de 1846, au lieu
de laisser de côté le mémoire de M. Boulangé, on
ait construit dans la partie supérieure de la Loire les
vingt-cinq ou trente barrages qu'il a conseillés. Cher-
chons quel eût été leur résultat sur la crue de 1856.
Certes, si ces barrages avaient dû préserver la partie inférieure des affreux désastres dont elle a été victime,

l'administration aurait des reproches bien graves à se faire. Sans doute, ces barrages auraient coûté incomparablement plus que les 4 millions évalués par M. Boulangé, et leur dépense première se trouverait encore accrue par les intérêts perdus depuis l'époque de leur construction ; mais, si grande qu'elle fût, elle se trouverait largement compensée par le résultat obtenu. Or, l'inondation de 1856 a présenté cette circonstance particulière qu'il n'y a pas eu de crue dans la partie supérieure de la Loire. A Roanne, les eaux se sont tenues à $2^m,09$ au-dessous des eaux de 1846 ; ainsi, les circonstances atmosphériques ont fait bien au delà de ce que pouvaient espérer les partisans les plus exagérés du système des retenues. Certes, M. Boulangé n'espérait pas obtenir au moyen de ses barrages un abaissement de 2 mètres à Roanne, et cependant la partie inférieure de la Loire a eu à subir une crue bien autrement considérable que celle de 1846. C'est qu'à part les difficultés d'exécution et les énormes dépenses du système, il y a encore son inefficacité complète ; car ses partisans s'appuient sur une erreur de fait facile à constater. Ils considèrent les crues comme uniquement produites par les pluies tombées sur les sommets des montagnes où les cours d'eau prennent leur source, d'où résulte dans l'écoulement des affluents un ordre de priorité à peu près invariable. Eh bien ! il était impossible que, pour la Loire, le système reçût un plus éclatant démenti que celui que lui a donné la crue de 1856. Quel rôle eût été alors celui de l'administration, si elle avait suivi les conseils de M. Boulangé ? Elle aurait dit aux populations de la vallée : Vous étiez ravagées par la réunion de la Loire et de l'Allier, mais j'y ai mis bon ordre ; je tiens maintenant dans mes mains les crues de la Loire, et vous ne les verrez passer qu'après celles de l'Allier; j'ai détruit le mal en le divisant, soyez désormais tranquilles. Or, en 1856, les trente barrages de M. Boulangé n'auraient pu retenir une crue qui n'est pas venue, et s'ils avaient été construits, tout se serait passé comme cela a eu lieu; nous nous trompons, cependant : il y aurait eu contre l'administration un concert de malédictions dont elle a été préservée.

Pour diminuer la crue de la Loire en 1856, il aurait donc fallu, dans le système de M. Boulangé, faire des barrages de retenue sur l'Allier et ses affluents. Or, ces barrages auraient pour résultat d'augmenter les crues qui se présenteraient dans les circonstances de celle de 1846, c'est-à-dire lorsqu'il y aurait crue à la fois dans la Loire et dans l'Allier. M. Boulangé en convient; il dit, en effet :

« Cependant, en y réfléchissant, on comprend que les « eaux des deux affluents, qui, par la disposition natu-« relle des lieux, arrivent les unes après les autres dans « un lit principal, pourraient y arriver en même temps « si l'on ralentissait la marche de l'un des cours d'eau, « et qu'alors ces eaux réunies, quoique isolément dimi-« nuées, pourraient occasionner une crue plus considé-« rable que si elles étaient abandonnées à leur cours « naturel. »

Et plus loin il ajoute : « De toutes ces observations il « résulte que les digues de Pinay et de la Roche pro-« duisent, dans tous les cas, un bon effet; mais que si « ces digues étaient placées dans la vallée de l'Allier, « elles pourraient peut-être augmenter les crues en aval « du Bec d'Allier, en faisant concorder en ce point les « crues de l'Allier et de la Loire. »

Ensuite il fait remarquer qu'en n'opérant de retenue

que sur la Loire, cette coïncidence est impossible, attendu que l'Allier et la Loire ne peuvent éprouver en même temps une crue extraordinaire que lorsque la chaîne de montagnes qui les sépare reçoit une pluie d'orage sur ses deux versants, et qu'alors la différence des pentes et des distances est un obstacle à ce que leurs eaux arrivent en même temps au confluent. Eh bien, la crue de 1856 est venue démontrer que l'Allier pouvait croître indépendamment de la Loire. Car, tandis que ce fleuve se tenait à Roanne à plus de 2 mètres au-dessous des grandes eaux de 1846, l'Allier les dépassait de $0^m,22$ à Moulins. Il est donc incontestable qu'il peut tomber beaucoup plus d'eau dans le bassin de l'Allier que dans le bassin de la Loire, et ce que nous disons de l'Allier, nous pouvons évidemment le dire de la Loire, car il est clair que quelques coups de vent d'ouest auraient chassé sur ce dernier bassin les nuages qui ont déversé leurs eaux sur le bassin de l'Allier. Sans doute, si, comme le fait M. Boulangé, on se borne à considérer les bassins des cours d'eau sous le rapport de leur position géométrique, et qu'on suppose que la pluie tombe simultanément sur la partie supérieure des bassins des affluents, on arrivera nécessairement à déterminer pour chacun d'eux un certain ordre d'écoulement dans le lit principal. Ainsi on dira, par exemple, que l'Allier, dont la pente est plus rapide que celle de la Loire et le développement moins long, doit toujours arriver au Bec d'Allier avant la Loire. Mais lorsqu'on fait entrer en considération les circonstances météorologiques, qui, en définitive, dominent toute la question, on reconnaît qu'il n'y a en réalité aucun ordre de priorité dans la marche des divers affluents, parce que cette marche est influencée par l'ordre que suit la chute des nuages. Ces masses d'eau suspendues au milieu des airs, se dispersant ou se réunissant sous l'influence des vents, s'élevant, s'abaissant ou tombant suivant les variations de la température, n'obéissent à aucune loi que la science humaine puisse raisonnablement espérer de saisir jamais. Certes, si toutes les crues présentaient les mêmes circonstances; si la même quantité d'eau, se répartissant de la même manière entre les bassins des affluents, leur donnait à chaque fois la même allure, de manière à reproduire à peu près les mêmes phénomènes, on pourrait peut-être, théoriquement du moins, trouver une combinaison de retenues qui, appliquée à certains affluents, diminuerait la hauteur des crues. Cependant il y aurait encore des difficultés sérieuses, auxquelles ne me paraissent pas avoir pensé les partisans de ce système. En effet, ils ne s'occupent jamais que du cas le plus simple, de celui de deux affluents dont on évite la coïncidence par la retenue de l'un d'eux. Mais que fera-t-on pour éviter les crues dans celui qu'on veut laisser vierge; mais que fera-t-on quand, en descendant le fleuve, on trouvera le troisième, le quatrième, le cinquième, etc... affluent? D'après quelle théorie choisira-t-on ceux qui doivent être retenus et ceux qui doivent être laissés libres? Nous admettons pour un instant qu'on ait évité pour toujours la coïncidence de la Loire et de l'Allier; mais on n'acquiert cet avantage qu'à une condition, c'est d'augmenter la *durée* de la crue pour le pays situé à l'aval, et cette augmentation de durée amène nécessairement une coïncidence de crue avec le troisième ou le quatrième affluent, coïncidence qui n'aurait pas eu lieu sans les travaux de retenue exécutés sur les premiers affluents. Il faut, en effet, pour résoudre complétement le problème, considérer le cours d'eau dans toute l'étendue de son parcours ; il ne faut pas diminuer la crue de la Loire au Bec d'Allier seulement, mais à Orléans, à Blois, à Tours, à Saumur, à Angers, à Nantes ; il faut combiner non-seulement la marche de la Loire avec l'Allier, mais avec le Loiret, avec le Cher, avec la Vienne, avec la Maine ; et qu'on ne s'imagine pas que le succès obtenu sur un point pourrait compenser l'aggravation du mal sur un autre. Le succès serait contesté, on se contenterait d'en profiter ; le mal serait exagéré et violemment reproché. Qand le propriétaire ne peut s'en prendre qu'à la main qui dirige les nuages des désastres qui lui arrivent, il finit par se résigner ; mais lorsque ces désastres sont causés par des travaux publics, auxquels il a lui-même contribué pour sa part d'impôt, la résignation n'est plus possible. Le gouvernement aura beau dire que s'il est vrai qu'une coïncidence, provoquée par les retenues, a amené à l'aval la perte de trois millions de récoltes, il est incontestable que ces retenues, en empêchant à l'amont une autre coïncidence, en ont sauvé quatre, ce qui constitue un bénéfice net d'un million ; cette balance ne sera pas acceptée, et les quatre millions gagnés par les propriétaires d'amont ne consoleront pas les propriétaires d'aval d'en avoir perdu trois. Il pourra arriver, du reste, que dans une autre crue le phénomène se présente dans un ordre inverse, c'est-à-dire qu'on perde quatre millions pour en sauver trois. Car, comme nous l'avons déjà dit, rien n'est plus inexact que cette idée que les crues sont toujours le résultat de grandes chutes d'eau sur les montagnes dans lesquelles les cours d'eau prennent leur source, et que les pluies de la plaine n'apportent aux crues qu'un contingent complétement insignifiant. Que la moyenne de la quantité d'eau tombée soit plus grande sur les montagnes que dans les plaines, cela peut être, mais ce phénomène météorologique a peu d'influence sur les crues, qui sont le résultat de très-grandes pluies accidentelles survenues dans une partie quelconque du bassin : tantôt dans la partie supérieure, tantôt dans la partie intermédiaire, tantôt dans la partie inférieure ; tantôt au midi, tantôt au nord, tantôt à l'est, tantôt à l'ouest.

Ainsi, deux crues de même hauteur, en un point donné d'un cours d'eau, peuvent être le résultat d'une infinité de combinaisons diverses de celles des affluents supérieurs ; ceux-ci, quoique fournissant à chaque fois des contingents différents, pouvant composer dans le lit qui les réunit le même débit total, au moyen des compensations qui s'établissent entre leurs débits partiels. Dans nos *Etudes théoriques et pratiques sur le mouvement des eaux courantes*, publiées en 1848, nous exposions déjà le même système ; nous disions alors :

« Un grand cours d'eau n'est que la réunion d'autres
« cours d'eau moindres, composés eux-mêmes de cours
« d'eau plus petits, etc. Ces cours d'eau si nombreux ne
« sont pas tous influencés dans leurs crues par les mêmes
« causes ; ceux-ci le sont par la fonte des neiges, ceux-là
« par les pluies ; ceux-ci viennent du sud, ceux-là vien-
« nent du nord, etc., etc.; de sorte que leurs crues ne
« coïncident pas nécessairement ; mais rien ne s'op-
« pose à ce qu'elles coïncident en plus ou moins grand
« nombre. Ainsi, représentons pour chacun d'eux leur
« plus grand volume par 6, et par 5, 4, 3, 2, 1, les volu-
« mes intermédiaires depuis celui de l'étiage. Le volume
« d'eau qui passera à un point donné pourra être consi-
« déré comme le produit de tous les affluents arrivés à
« un certain point de crue. Son maximum ne sera donc
« atteint qu'autant que tous ces affluents le lui appor-

« teront simultanément. La probabilité de ce résultat
« peut donc être comparée à celle d'amener, dans le jet
« d'un grand nombre de dés, autant de six qu'il y a de
« dés. Or, tout le monde sait combien, quand le nombre
« de dés est un peu considérable, cette coïncidence pré-
« sente peu de probabilités, combien, au contraire, les
« résultats moyens deviennent probables ; cependant, si
« peu probables que soient ces résultats extrêmes et ceux
« qui en diffèrent peu, ils le deviennent par la répétition
« d'un grand nombre de jets.

« L'histoire de toutes les crues confirme ce que nous
« venons d'avancer. Ainsi, sur la Loire, la plus forte
« crue qu'on ait vue depuis plus d'un siècle, entre le
« confluent de la Vienne et celui de la Maine, est celle
« de 1843. Or, pendant cette crue, la Loire ne s'est éle-
« vée à Tours qu'à 4^m,25, 2^m,25 de moins qu'en 1789,
« tandis qu'à Saumur elle s'élevait à 6^m,70 (0^m,50 *de*
« *plus qu'en* 1779), c'est-à-dire que cette crue se compo-
« sait des grandes eaux de la Vienne et des eaux moyen-
« nes de la Loire supérieure.

« La crue de 1844 présente les mêmes circonstances ;
« elle est encore le résultat du gonflement des eaux de
« la Vienne. La crue de 1846, celle qui a causé de si
« terribles ravages dans la Loire supérieure, à Roanne,
« à Digoin, à Orléans, à Blois, à Tours, celle qui a motivé
« une allocation de 9 millions pour la réparation d'une
« partie des dommages causés par les crues aux travaux
« publics, et de nombreuses souscriptions pour réparer
« les dommages particuliers, cette crue s'est tenue à
« 0^m,80 au-dessous de celle de 1843, à Saumur ; et au-
« dessous du confluent de la Maine, à Ingrandes, à An-
« cenis, ce n'est plus qu'une crue ordinaire comme celle
« qu'on voit tous les hivers. La Vienne et la Maine se

« trouvaient, en effet, en eaux basses, dans le moment
« de cette crue de la Loire supérieure, qui, arrivée seule
« dans le lit commun de la Loire et de la Vienne, puis
« dans le lit commun de la Loire, de la Vienne et de la
« Maine, a pu s'y étaler sans prendre une hauteur consi-
« dérable. Il y a plus, c'est que ces affluents, pendant
« cette crue, ont joué, par rapport aux parties inférieu-
« res, le rôle de réservoirs. Les eaux de la Loire s'y sont
« précipitées avec une vitesse proportionnelle à la rapidité
« de leur ascension. Ainsi, la Maine, qui ne se trouvait
« qu'à 2 mètres au commencement de la crue de la
« Loire, est montée à $5^m,50$ à Angers. Pendant trois
« jours, il y a eu au pont de pierre de cette ville une
« cataracte de $0^m,10$ de l'aval à l'amont, ce qui donne
« un produit d'environ 1.000 mètres par seconde. La
« Loire, au-dessous de l'embouchure de la Maine, se
« trouvait donc débiter 1.000 mètres de moins qu'au-
« dessus. Mais on peut se demander, puisque la Loire, à
« $4^m,20$ à Tours, et la Vienne, à $6^m,13$ à Chinon, donnent
« $6^m,70$ à Saumur, ce qu'il arriverait si $6^m,60$ de crue à
« Tours (*crue de* 1846) correspondaient à $6^m,32$ à Chinon
« (*crue de* 1792)? Evidemment la crue de 1843 à Sau-
« mur, la plus forte des temps modernes, serait dépassée
« de 2 mètres. Ce n'est pas encore là une limite infran-
« chissable, car les crues de Tours et de Chinon, que
« nous venons de citer, ne sont pas elles-mêmes les
« produits des maxima de tous les affluents supérieurs.
« Il faut donc regarder comme possibles des crues beau-
« coup plus considérables que celles qu'on a vues jusqu'à
« présent. Ces crues extraordinaires peuvent arriver
« d'un jour à l'autre, sans qu'il y ait modification dans
« les causes de ces accidents. Ce que nous disons de la
« crue maximum peut se dire des crues qui en appro-

« chent ; les chances qui doivent les amener sont d'au-
« tant moins nombreuses qu'elles s'éloignent plus de la
« crue moyenne, et cela est vrai au-dessous et au-dessus.
« L'étiage n'a pas plus de limites naturelles que les
« grandes eaux ; pour qu'il se réalise en un point donné,
« il faut que chacun des affluents supérieurs soit lui-
« même à l'étiage. Or, cela arrivera d'autant moins
« souvent que ces affluents seront d'autant plus nom-
« breux. Ainsi, dans la partie supérieure d'un grand
« cours d'eau naturel, là où les affluents sont encore en
« petit nombre, les crues maxima sont plus probables,
« plus fréquentes, mais il est moins probable qu'elles
« seront dépassées ; dans la partie inférieure, où les crues
« sont le produit de nombreux affluents, les grandes
« crues sont plus rares, mais la limite possible de leur
« hauteur est bien plus considérable. Pour en revenir
« à la comparaison des dés que nous faisions tout à
« l'heure, dans la partie supérieure vous n'avez qu'un
« petit nombre de dés ; ainsi la chance d'amener 12 avec
« deux dés est de $\frac{1}{36}$, tandis qu'elle n'est que de $\frac{1}{1296}$
« pour amener 24 avec quatre dés. Or, si on réfléchit au
« grand nombre d'affluents qui alimentent la partie in-
« férieure d'un fleuve, et au petit nombre de crues qui
« se produisent annuellement, on en conclura que, pour
« étudier par la simple observation le phénomène des
« crues, il faudrait embrasser des siècles entiers. »

Nous avons cru devoir nous permettre cette longue
citation, parce qu'elle prouve que les idées que nous
émettons ne nous sont pas inspirées par le besoin de la
discussion actuelle. La crue de 1856 est venue d'ailleurs
apporter de nouveaux faits qui leur donnent une éclatante confirmation.

Ainsi, nous avons déjà dit qu'en 1856 il n'y avait pas eu de crue dans la Loire supérieure, qu'à Roanne les eaux s'étaient tenues à plus de 2 mètres, et à Digoin même à 1ᵐ,25 au-dessous de celles de 1846 ; à Orléans, à Tours, elles les dépassent au contraire de 0ᵐ,65 et de 0ᵐ,55 ; le Cher, qui, en 1846, ne s'était élevé à Saint-Aignan qu'à 0ᵐ,75 au-dessus de l'étiage, s'est élevé à 4ᵐ,20 en 1856 ; la Vienne, qui, en 1843, avait avec le Cher causé une forte crue dans la partie inférieure de la Loire, s'est, pour ainsi dire, abstenue en 1846 et en 1856. Nous n'en finirions pas, si nous voulions multiplier ces exemples, car il n'y a pas de cours d'eau qui n'en puisse fournir de semblables. On aura beau observer les faits, les consigner avec le plus grand soin, les comparer, les analyser, on n'arrivera jamais à d'autre conclusion que celle-ci : c'est qu'il y a dans le phénomène des crues un élément essentiellement éventuel, sur lequel il n'est permis d'établir aucun système rationnel. Si, par exemple, à l'aide de pluviomètres répandus en nombre suffisant sur la surface du bassin d'un fleuve, ou par tout autre moyen d'observation, on parvenait à déterminer la quantité d'eau tombée sur chaque point du bassin et qui a contribué à la crue, et qu'ensuite on appliquât sur la carte de ce bassin des teintes plus ou moins foncées, suivant les quantités d'eau ainsi déterminées, on obtiendrait pour chaque crue des images complétement différentes. Les clairs, les teintes foncées et les demi-teintes, inégales en surface et changeant de place dans chacune de ces figures, donneraient lieu à des combinaisons aussi nombreuses que celles des nuages dans le ciel, dont elles ne seraient au reste qu'une espèce de représentation. La variété possible de ces images ne donne même pas une idée exacte de celle qui peut exister dans les crues, car elles ne tiendraient pas compte d'un élément essentiel, le temps. On comprend, en effet, que la crue dépend non-seulement de la quantité d'eau totale tombée en chaque point, mais du temps pendant lequel elle est tombée et de l'heure à laquelle elle y est tombée. Ainsi, nous sommes en présence d'une infinité de combinaisons, dont chacune peut en engendrer une infinité d'infinités. Tout système préventif basé sur certaines combinaisons, sur un certain ordre déterminé dans la marche du phénomène des crues, ne saurait donc réussir.

Remarquons d'ailleurs que le succès des réservoirs exige non-seulement que la pluie veuille bien s'astreindre à un certain ordre dans sa chute, mais encore que sa durée ne dépasse pas le temps nécessaire pour emplir les réservoirs. Le grand réservoir de 100 millions de mètres cubes que la nature a créé en amont des gorges du Forez, s'étant, dans la crue de 1846, rempli en seize heures, cessait d'exister à la dix-septième. Or, il arrive souvent que les grandes crues sont précédées par des alternatives de crues moyennes, qui rendraient les réservoirs à peu près inutiles, parce qu'elles en rempliraient la plus grande partie avant la pluie finale qui détermine le débordement. Ainsi tout le monde se rappelle que les grandes crues de la fin de mai 1856 avaient été précédées d'une série de crues plus ou moins considérables, qui eussent suffi pour paralyser l'action de tous les réservoirs, lorsqu'est survenue la crue de la fin du mois. Il faut donc, pour le succès du système des retenues, deux conditions essentielles, un certain ordre et une certaine durée dans les crues des affluents; changez l'ordre, augmentez la durée, et le système peut aggraver le mal au lieu de le diminuer.

Ainsi, 1º le système des réservoirs d'inondation proposé par M. Boulangé n'a jamais été expérimenté, quoique cet ingénieur ait cru le contraire; 2º son exécution présenterait d'immenses difficultés et entraînerait à d'énormes dépenses, sauf dans quelques localités exceptionnelles, trop rares pour qu'il y ait lieu d'en tenir compte dans la question générale des inondations; 3º ce système ne saurait d'ailleurs diminuer la hauteur des crues que dans l'hypothèse d'une pluie de courte durée et tombant dans un ordre déterminé; 4º il pourrait avoir des résultats funestes dans toute autre hypothèse aussi probable que celle qui aurait servi de base à son établissement.

3º Des levées parallèles aux cours d'eau.

Mais, dira-t-on, après les terribles leçons de 1846 et de 1856, on ne peut attendre les bras croisés le retour de pareils fléaux. Les levées ont été surmontées, emportées, les propriétés qu'elles protégeaient ont été ravagées; faut-il donc persister dans un système que l'expérience a condamné d'une manière aussi éclatante? Oui, il faut faire des levées, rien que des levées, et avec cette conviction que ces levées plus hautes, plus épaisses, mieux défendues que les dernières pourront être encore emportées et que, malgré ces levées et quelquefois à cause de ces levées, on pourra voir se produire des désastres encore plus considérables que ceux dont nous avons été témoins.

Avant de proposer le remède, examinons d'abord un peu le mal et voyons s'il est aussi considérable qu'on le représente. D'ailleurs, pour s'en préserver, il est essentiel de le bien connaître.

Le débit des cours d'eau est en général excessivement variable ; très-faible dans certains moments, il se trouve alors contenu dans un lit permanent qui n'a d'autre usage que de lui fournir une voie d'écoulement, ou du moins ce lit est considéré comme perdu pour l'agriculture. Ce débit, par suite de pluies, de fontes de neiges, s'augmente successivement, de manière que l'eau s'élève plus ou moins au-dessus de son niveau le plus bas. Pour certaines vallées, cette variation de hauteur n'a pas de résultat funeste : le lit se trouvant profondément encaissé, il n'y a pas débordement ; mais ce n'est pas le cas général. Sur la plupart des cours d'eau, lorsque les eaux atteignent une certaine hauteur, elles franchissent les bords, s'étalent dans les vallées sur une plus ou moins grande étendue, et elles y courent ou y restent stagnantes, suivant le relief du terrain. Ces surfaces, occupées temporairement par les eaux, sont utilisées par l'agriculture, ce sont en général même les plus fertiles. Elles présentent d'ailleurs entre elles, sous le rapport des inondations, des différences essentielles d'après leur niveau, relativement à celui des crues. Ainsi, il y en a qui sont visitées par les eaux plusieurs fois par an, d'autres tous les deux ou trois ans, d'autres plus rarement encore, d'autres tous les siècles, et cela d'une manière très-irrégulière, c'est-à-dire que les inondations ne sont pas périodiques dans leur marche, que tantôt elles se présentent dans une saison, tantôt dans une autre, que tantôt des séries d'années humides succèdent à des séries d'années de sécheresse et que tantôt elles alternent. Cette irrégularité dans leur retour est la seule cause du mal qu'elles produisent, ou du moins des plaintes qu'elles soulèvent.

Les crues annuelles, les crues ordinaires sont très-nuisibles à l'agriculture, les terrains sur lesquels elles se répandent voient leurs récoltes plus ou moins avariées; mais les propriétaires, ayant acheté ces terrains en conséquence de ce faible revenu, ne sont pas admis à se plaindre d'un malheur qui cesse d'en être un, parce qu'il est habituel. Les crues moyennes, un peu plus rares, atteignant des terrains ordinairement préservés, commencent à susciter des plaintes plus nombreuses; mais enfin comme ces crues sont assez fréquentes pour n'être pas oubliées, comme on en a tenu un certain compte dans la valeur de la propriété, on finit par se résigner aux dommages qu'elles occasionnent. Quant aux grandes crues extraordinaires, qui n'apparaissent qu'à de longs intervalles, elles excitent des plaintes d'une vivacité extrême. Les propriétaires, habitués à tirer depuis longtemps de magnifiques récoltes des terrains ravagés, ne sauraient se résigner à supporter une perte qui n'était jamais entrée dans leurs calculs. Comme nous l'avons déjà dit, ils s'en prennent alors à tout, au déboisement, au défrichement, aux ponts, aux canaux, aux chemins de fer construits dans les vallées. On veut absolument trouver une cause récente et accidentelle sur laquelle on puisse agir.

De sorte qu'en définitive les propriétaires qui se plaignent le plus sont ceux dont les terrains sont le plus rarement inondés. Cela est si vrai, que si, nous ne savons par quelle révolution du globe, la crue de 1856 était devenue permanente, si les eaux ne s'étaient pas retirées des terrains envahis et que leur niveau se fût maintenu à la plus grande hauteur où il est arrivé, certes les habitants actuels des vallées eussent fait des pertes bien plus considérables que celles qu'ils ont subies; mais au bout de quelque temps, l'équilibre s'étant rétabli entre

la population et les moyens de production, on aurait tiré
un parti quelconque de ces fleuves immenses, et on
n'aurait pas plus pensé à se plaindre de leur largeur et
de leur profondeur que ne le font les riverains de l'Ohio,
du Mississipi ou de la rivière des Amazones. Ces grands
fleuves recouvrent évidemment d'immenses étendues de
terrain dont l'agriculture pourrait tirer parti si elles
n'étaient qu'accidentellement couvertes par les eaux. Il
y aurait donc un moyen sûr de ne jamais souffrir des
inondations, ce serait de ne pas cultiver, de ne pas ha-
biter les terrains sujets à ce fléau, de faire pour ceux que
les eaux recouvrent accidentellement comme pour ceux
qu'elles recouvrent habituellement. Le remède serait
sans doute pire que le mal et nous sommes loin de le
conseiller; nous voulons seulement faire voir qu'il ne
s'agit pas d'un mal absolu, mais d'un mal relatif. Peut-
on même l'appeler un mal? Sans doute, il vaudrait
mieux que certains terrains fussent complétement à l'a-
bri des inondations, mais c'est là un état de choses naturel qu'il faut savoir accepter comme on accepte toutes
les imperfections naturelles. Voilà d'un côté dix hectares
de terre excellente qui, année moyenne, rapportent pour
10.000 francs de récolte; mais il arrive que par suite
d'inondations on perd une récolte tous les dix ans : voici
d'un autre côté dix hectares situés sur un aride plateau
qui donnent tous les ans une récolte de 1.000 francs; il
est vrai que cette récolte n'a rien à craindre de la hauteur des eaux et que le propriétaire est aussi sûr d'avoir
une récolte qu'il est sûr de l'avoir mauvaise. Eh bien!
quel sort différent pour ces deux propriétaires dans l'opinion publique : le propriétaire accidentellement inondé
a toutes les sympathies, on le plaint, on vient à son secours, parce qu'il ne perd que rarement; quant à celui

qui perd toujours, non-seulement on ne le plaint pas, mais encore il faut qu'il vienne au secours de celui qui ne perd que rarement. Sans doute, si le propriétaire inondé consomme annuellement tous ses revenus, il se trouve fort malheureux quand ils viennent à lui manquer; mais c'est là un malheur qui résulte plutôt de son imprévoyance que des circonstances naturelles où il se trouve; car si, par suite d'une intelligente économie, il ne dépensait habituellement que les neuf ou les huit dixièmes de ses revenus, il se trouverait en mesure de faire face aux désastres causés par les inondations accidentelles, et celles-ci ne lui imposeraient aucune privation.

Quand on examine la question sous son véritable jour, il y a donc un remède qui se présente immédiatement à l'esprit. Ce remède consisterait à économiser chaque année, sur le revenu des terrains sujets aux inondations, la part du fléau ; mais avant d'entrer dans l'examen de ce côté de la question, nous croyons devoir exposer les avantages et les inconvénients des travaux qui pourraient rendre cette part moins considérable.

L'idée de mettre les champs à l'abri des inondations au moyen de levées est tellement simple qu'elle a dû être mise en pratique en même temps que l'agriculture. Ce système préservatif s'est développé avec elle, et aujourd'hui il embrasse d'immenses étendues de terrain. Il serait très-intéressant, suivant nous, d'en constater la surface et de se rendre compte de l'importance des récoltes préservées chaque année par ces digues. Il est à remarquer en effet qu'on ne parle jamais des digues que quand elles rompent; quand des crues ordinaires surviennent et que, grâce à ces digues, les champs et les habitations se trouvent complétement préservés, comme c'est une chose ordinaire qui arrive tous les ans, personne ne s'en occupe, personne n'en parle et le public croit que les choses se seraient ainsi passées naturellement. Arrive une crue extraordinaire, la digue surmontée cède, le terrain est envahi, et le public de dire : « Décidément le système des digues est déplorable, il n'est bon à rien, il faut en chercher un autre. » Quand je dis le public, je parle du public des villes et des pays qui ne connaissent les inondations que par les journaux ; mais le public inondé, qui connaît le mal pour en avoir souffert, a sur ce sujet des idées toutes différentes. Il a vu, il est vrai, les digues rompre quelquefois, mais il les a vues résister très-souvent, de sorte qu'il sait bien les services qu'elles lui rendent. Au moment des terribles inondations de 1856, il y a eu, comme nous l'avons dit, dans la presse et l'opinion publique, une espèce de *tolle* général contre les digues, et cependant qu'a-t-on fait dès que les eaux se sont un peu retirées [1] ? On a

---

[1] Cette espèce de réaction contre le système des levées longitudinales avait déjà eu lieu en 1846 ; si, à cette époque, notre camarade Collignon, trompé par des renseignements inexacts ou incomplets, s'était laissé séduire par le système des réservoirs supérieurs, il avait su, sous d'autres rapports, résister à l'entraînement général.

Voici comment il s'exprimait dans la séance de la Chambre du 22 mai 1847 :

« ... L'utilité des digues élevées pour défendre contre l'invasion « des eaux les propriétés riveraines a été contestée ; on a opposé « aux désastres que la rupture de ces digues entraîne l'action fé- « condante d'une submersion lente, arrivant sans courant sur les « terrains qu'elles sont destinées à protéger. C'était mettre les avan- « tages d'un système en présence des inconvénients de l'autre. Si « les débordements arrivaient toujours à propos, et précisément aux « époques où la submersion peut être sans danger pour les récoltes ; « si, d'ailleurs, ils couvraient sans violence des terrains susceptibles

rétabli, consolidé les digues emportées, et les populations n'ont accordé de trêve à l'administration que lorsque ce travail a été complétement terminé. On a mis en avant beaucoup d'autres systèmes préservatifs, chaque journal a eu le sien, les inondés n'en ont repoussé aucun, à la condition qu'on rétablirait et qu'on maintiendrait leurs digues. Il faut remarquer en effet que

« de résister à leur action ; si, enfin, ils n'entraînaient avec eux que
« des limons fécondants, il n'est pas douteux qu'on ne pût renon-
« cer sur beaucoup de points à la protection des digues. Mais quand
« le fond de la vallée est affouillable ; quand le fleuve l'attaque
« profondément, quand il est soumis à des divagations qui le portent
« à changer complétement de lit ; quand enfin il traîne avec lui dans
« ses crues des masses de graviers stériles, sous lesquels il ensevelit
« souvent les récoltes, on ne peut nier l'utilité et les immenses
« avantages de l'endiguement. La vallée de la Loire, notamment, ne
« serait qu'une vaste plaine de sable sans les levées qui s'opposent
« au mouvement désordonné du fleuve, et qui protégent les magni-
« fiques terrains conquis sur le champ que la nature avait aban-
« donné à ses attaques.

« La situation actuelle n'est, d'ailleurs, pas le résultat d'une
« théorie ; c'est la puissance des faits qui l'a créée ; c'est la nécessité
« d'une protection qui a imposé aux populations le sacrifice de
« l'endiguement ; le bienfait est réel ; et, sur presque tous les points
« où il n'existe pas d'ouvrages de ce genre, les riverains les récla-
« ment avec instance. »

Peut-être y a-t-il quelque exagération dans le tableau que présente M. Collignon de l'état de la vallée de la Loire avant l'endiguement ; car il y a des parties non encore endiguées qui ne sont rien moins que des plaines de sable. Le grand mal, selon nous, consistait dans le défaut d'*à-propos* des débordements, d'où résultaient des pertes de récoltes fréquentes ; mais il est impossible de mieux justifier l'établissement et la conservation des levées longitudinales que ne le fait notre camarade. Quelle plus grande preuve de l'utilité des digues que leur existence même? Comment croire que les populations, qui avaient sous les yeux la comparaison des terres endiguées et de celles qui ne l'étaient pas, se soient livrées pendant des siècles à un travail dispendieux qui n'avait d'autre résultat que de rendre leur condition mauvaise?

tous les autres systèmes ne sauraient se passer d'être complétés par celui-là. Reboisez les montagnes, faites sur le flanc des coteaux les rigoles transversales conseillées par M. Polonceau, établissez sur un certain nombre d'affluents les grands réservoirs de M. Boulangé, vous aurez toujours des crues; les plus chauds partisans de ces divers systèmes n'ont en effet d'autre prétention que d'en diminuer la hauteur. Admettons pour un instant cette prétention comme fondée. Supposons qu'à l'aide d'un de ces systèmes on parvienne à diminuer la hauteur des crues d'une certaine quantité, d'un cinquième ou d'un sixième. Certes, ce serait là un beau résultat; plus beau peut-être que celui qu'espèrent leurs partisans; mais il ne permettrait de supprimer aucune des levées qui existent et ne dispenserait pas d'en créer de nouvelles. De ce qu'une crue de six mètres serait réduite à cinq, il n'en faudrait pas moins protéger les terrains situés à deux, trois, quatre et cinq mètres. Il y a plus même, c'est qu'une fois ce résultat acquis, on en profiterait absolument comme s'il était naturel; les riverains des grands cours d'eau avanceraient leurs cultures et leurs habitations jusqu'à la nouvelle limite des grandes eaux et lorsqu'elles se présenteraient, elles occasionneraient des désastres beaucoup plus considérables que ceux qu'occasionnent aujourd'hui des eaux de même hauteur. Pour s'en convaincre, il suffit d'examiner les différences de hauteur des mêmes crues sur la plupart de nos cours d'eau depuis leur source jusqu'à leur embouchure. Cette hauteur dépend en effet du volume des eaux, de la pente et de la largeur du lit. Ainsi, dans nos *Études sur le mouvement des eaux courantes* (page 189), nous faisions remarquer que sur un développement de 60 kilomètres, le long duquel la Loire ne reçoit aucun affluent important, elle avait pris les hauteurs suivantes dans la crue de 1843 :

> A Saumur. 6^m,70
> Aux Rosiers (15 kilomètres à l'aval). . . . . . . 7^m,37
> A Saint-Mathurin (10 kilomètres à l'aval des
>   Rosiers). . . . . 6^m,20
> Aux Ponts-de-Cé (17 kilomètres à l'aval de
>   Saint-Mathurin). . . . . 5^m,54

Ainsi, des Rosiers aux Ponts-de-Cé, voilà une différence de près de 2 mètres dans la hauteur de la crue. Cependant, sous le rapport des désastres, il n'y en a aucun. Ils ne sont pas, en effet, la conséquence de la hauteur *absolue* de la crue, mais de sa hauteur *relative* par rapport aux crues ordinaires. Ainsi, étant données les hauteurs d'une crue le long d'un cours d'eau, ce serait étrangement se tromper que de considérer le mal comme proportionnel à ces hauteurs, et de croire qu'il y a plus de désastres là où la crue a atteint 7 mètres que là où elle n'en a atteint que 6 ou 5 ; ce qui fait le mal, ce qui peut en donner la mesure, c'est la quantité dont la hauteur habituelle en chaque point a été dépassée. Donc si, par un système préventif quelconque, placé à la source des cours d'eau, on parvenait à diminuer la hauteur des crues, cela ne dispenserait pas les populations riveraines de protéger par des levées les terrains qu'elles voudraient mettre à l'abri des nouvelles grandes eaux, et on verrait de temps en temps se renouveler des désastres analogues à ceux dont nous avons été témoins. Il faudrait s'attendre à voir encore des digues rompues, des moissons emportées et des maisons écroulées. Ces divers systèmes, en leur supposant une efficacité à laquelle nous ne croyons pas, ne sauraient donc tout au plus que rendre la construction des digues plus facile et moins dispendieuse, en permettant de les faire moins élevées. Or, est-ce là un résultat qui autorise à se jeter dans les hasards d'une entreprise hérissée de difficultés de toute espèce et d'un succès douteux ? Puisqu'il faut des digues, dans tous les cas, n'est-il pas plus simple et surtout plus sûr de les élever de la hauteur dont on espère faire baisser les crues ? En effet, pour que le système des réservoirs réussisse, il faut, comme nous l'avons déjà dit, que la crue non-seulement ne dépasse pas une certaine intensité, mais une certaine durée. Dès que les réservoirs sont pleins, ils cessent d'agir et peuvent même nuire, comme nous l'avons fait voir. Avec des levées, au contraire, il n'y a pas à se préoccuper de la durée ; elles résistent à une crue de huit jours comme à une crue de vingt-quatre heures.

Un autre avantage des levées, c'est qu'elles constituent un remède local qui peut être appliqué là où il est utile et aux frais de ceux à qui il doit profiter. S'agit-il de préserver un terrain, un village, une ville, au moyen d'une levée, il ne saurait y avoir d'incertitude sur les moyens de pourvoir à la dépense. Le propriétaire ou les propriétaires qui doivent être préservés, sont appelés naturellement à s'imposer dans la mesure des avantages qu'ils doivent retirer des travaux à exécuter, et ces travaux s'exécutent successivement, à mesure que les intérêts qu'ils sont appelés à protéger se développent et prennent plus d'importance. Il n'en est pas de même de ces systèmes généraux destinés à préserver plus ou moins tous les terrains que menacent les crues. Qui en payera les dépenses ? A cette question, il y a malheureusement en France une réponse toujours prête, une réponse qui lève toutes les difficultés, et devant laquelle toutes les objections se taisent. Dans tous les systèmes d'amélioration sociale, l'Etat, comme le *Deus ex machinâ*

du théâtre antique, vient dénouer les difficultés financières des entreprises. L'État a-t-il donc, en dehors du
budget auquel tout le monde contribue, une caisse s'ali-
mentant par des ressources spéciales, étrangères aux revenus des contribuables ? Évidemment non. Un centime
de plus dans le revenu public, c'est un centime de moins
dans le revenu particulier. Que l'État prenne à sa charge
certaines dépenses qui, profitant à tous, ne sauraient
être mises à la charge ni d'un individu, ni d'une classe
d'individus; rien de mieux. Mais est-ce ici le cas ?

Les dépenses destinées à diminuer la hauteur des
crues ne profiteront évidemment qu'à un petit nombre
de propriétaires. Si, sur une carte de France d'échelle
ordinaire, on indiquait par une teinte les surfaces de
terrain qui recevront, par suite de ces travaux, une certaine plus-value, on aurait le long des cours d'eau çà et
là quelques lignes à peine perceptibles, qui feraient
voir qu'en définitive les terrains sujets aux inondations
ne sont qu'une très-petite partie de la surface de la
France. Maintenant, à quel titre cette très-petite partie
de la France vient-elle demander le concours de la France
entière pour améliorer sa position ? S'agit-il de pays dis-
graciés de la nature, de malheureux habitants épars sur
un territoire stérile et décimés par des fièvres périodiques ; y a-t-il en question de ces considérations d'huma-
nité dont on n'use et n'abuse que trop souvent ? Pas le
moins du monde. Les vallées de nos grands cours d'eau,
nous l'avons déjà dit, renferment les terrains les plus
fertiles, c'est une conséquence de leur constitution
géologique ; les chemins, les routes, les canaux, les chemins de fer s'y trouvent accumulés, c'est une conséquence de leur situation géographique ; enfin la population y est plus dense et plus riche que partout ailleurs.

Sans doute, si belle que soit cette position, elle peut encore être améliorée indéfiniment ; mais ce qui nous paraît très-contestable, c'est qu'elle doive l'être aux dépens du reste de la France.

Les nombreuses levées qui existent le long des cours d'eau se sont faites aux frais des propriétaires intéressés ; certes, l'Etat y est intervenu souvent, parce qu'en même temps qu'elles défendaient les propriétés privées, elles étaient utiles aux voies de communication soit par terre, soit par eau, et, il ne faut pas se le dissimuler, parce que souvent aussi il n'a pas su résister aux obsessions d'intérêts particuliers puissants. Quoi qu'il en soit, on comprend parfaitement que, dans le système des levées, le concours de l'Etat, loin d'être une nécessité, est plutôt un inconvénient, parce qu'il peut provoquer des travaux qui ne seraient pas en rapport avec leur utilité. Mais qui payera les dépenses de ces travaux de réservoirs qui n'ont pas pour but de préserver telle ou telle localité, et dont l'influence doit se faire sentir sur une vaste étendue de territoire où leurs résultats seront aussi différents que les intérêts qu'ils sont destinés à protéger ? Évidemment, on ne trouverait pas une souscription volontaire dans toute l'étendue du bassin qu'il s'agira de préserver, et alors on aura recours à cette grande fiction, à travers laquelle, comme l'a dit un économiste, tout le monde s'efforce de vivre aux dépens de tout le monde. Or, n'est-ce pas là un inconvénient bien grave, en présence de la situation du budget ; et par conséquent n'est-ce pas un bien grand avantage pour le système des levées de pouvoir se passer du concours de l'Etat ?

Mais, dit-on, les levées se rompent et alors les terrains violemment envahis éprouvent des désastres encore plus considérables que si on avait laissé les eaux s'y répandre librement. Quelques personnes même prétendent que les inondations, laissant après elles un limon qui féconde le sol, font en définitive plus de bien que de mal[1]. Elles citent des cours d'eau le long desquels les terrains sujets aux inondations ont plus de valeur que ceux que les eaux ne recouvrent jamais. Il y a quelque chose de vrai dans cette assertion. Pour certaines cultures, dans certaines saisons de l'année, l'inondation est un avantage loin d'être un inconvénient ; lors donc que les terrains se trouvent dans ces circonstances exceptionnelles, il n'y a qu'à les laisser dans l'état où ils se trouvent. Et c'est là encore un avantage du système d'endiguement, c'est qu'il se prête avec une merveilleuse facilité aux besoins locaux. On peut, le long d'un cours d'eau, endiguer ou ne pas endiguer telle ou telle partie de terrain, suivant qu'il y a avantage ou inconvénient à le faire ou à ne pas le faire, sans que le système en souffre, c'est-à-dire que les terrains endigués profiteront des avantages de l'endiguement, et que les terrains non endigués profiteront des avantages des inondations. Que si, au contraire, agissant à la source, vous parveniez à supprimer l'inondation, vous priveriez de ses avantages tous les terrains qui en jouissent aujourd'hui. Cette objection, du reste, n'a peut-être pas la valeur qu'on lui attribue généralement ; car s'il est vrai que l'inondation apporte quelquefois de l'engrais utile, il est vrai aussi qu'elle apporte souvent des matières inertes ou nuisibles, et enfin il ne suffit pas de mettre de l'engrais sur le sol, il faut l'y mettre encore dans la saison convenable. Quand des eaux limoneuses se répandent peu de temps avant la récolte, le limon au lieu de se déposer sur le

---

[1] Voir la note de la page 61, sur l'utilité des levées.

sol s'attache aux herbes et aux pailles et les rend impropres à la consommation ; enfin, si elles séjournent un peu longtemps, les récoltes elles-mêmes sont perdues. Il ne faut pas oublier que la dernière inondation a eu lieu à la fin de mai et au commencement de juin, X et qu'à cette époque elle ne pouvait offrir à l'agriculture aucune espèce de compensation. D'ailleurs, nous devons faire observer que toutes les fois que l'endiguement pourrait être nuisible, en privant les terrains d'une irrigation féconde, on peut, au moyen de vannes convenablement disposées, répandre les eaux dans les enceintes endiguées, absolument comme si elles ne l'étaient pas. L'endiguement permet donc de profiter des avantages de l'inondation, et de ne pas souffrir de ses inconvénients. Nous ne nous arrêterons donc pas davantage à cette objection, qui atteint beaucoup moins le système d'endiguement que tout autre système, et nous passerons tout de suite à l'objection plus grave de la rupture des digues dans les grandes inondations.

Les nombreuses ruptures qui ont eu lieu en 1856 ont, comme nous l'avons dit, beaucoup discrédité les systèmes d'endiguement. Cela tient à ce que, dans le public, on se fait une très-fausse idée des services qu'on leur demande. On se figure que quand un terrain est endigué, il ne doit plus avoir rien à craindre des inondations, et que toute rupture est la conséquence d'une faute ou d'un vice du système. Or, c'est là une erreur.

Il y a deux expèces de digues le long des cours d'eau : les digues submersibles et les digues dites insubmersibles. Les digues submersibles sont celles que recouvrent les crues ordinaires : elles ont pour but soit de diriger le courant dans l'intérêt de la navigation, soit de protéger les terrains contre les petites crues, qui sont de

elle a fécondé le sol pour les années subséquentes — En 1866 une nouvelle inondation survenue au commencement du mois d'octobre, alors que les récoltes étaient enlevées, n'a pas à beaucoup près produit les mêmes effets fertilisateurs.
(un riverain du fleuve en Maine-et-Loire)

beaucoup les plus fréquentes. Mais il est admis que dans les grandes crues, elles doivent disparaître sous les eaux, et que, dans ces moments, on renonce à leurs services. Il y en a, du reste, de toute espèce de hauteur par rapport aux grandes eaux ; une des considérations qui limite cette hauteur est presque toujours la dépense. On s'arrête lorsque son chiffre ne paraît plus en rapport avec les avantages à obtenir d'une plus grande hauteur, et on se résigne à toutes les conséquences d'un accident qui paraît trop peu probable pour qu'il soit sage de faire de plus grands sacrifices pour le prévenir. Eh bien, les digues dites insubmersibles ne sont que des digues plus rarement submersibles que les autres. Rien, en effet, ne limite la hauteur des grandes eaux ; il n'y a pas, pour ainsi dire, de niveau qu'elles ne puissent atteindre. C'est ce que nous avons expliqué plus haut. Lors donc qu'on dit qu'une digue est insubmersible, cela ne veut pas dire qu'elle ne peut pas être surmontée par les eaux, mais qu'elle ne l'aurait pas été par telle ou telle grande crue connue. Or, quand la hauteur de cette crue se trouve dépassée, la digue formant déversoir, et n'étant pas construite pour cet usage, est presque toujours emportée. Il ne faut pas s'en prendre alors au système, car c'est un événement prévu, calculé, et contre lequel on n'a pas jugé utile de se mettre en garde. Ce serait une grande erreur de croire que dans ces circonstances la sagesse humaine consiste à ne faire d'entreprise ou de travaux que ceux dont le résultat est certain ; s'il en était ainsi, l'homme n'aurait jamais mis et ne mettrait jamais le pied ni sur un vaisseau, ni sur un waggon ; c'est à peine s'il devrait ensemencer, car, sans compter les inondations, il y a la gelée, la sécheresse, la grêle, qui viennent, de temps en temps, ruiner et détruire ses espérances. Il ne faudrait pas bâtir, à cause des tremblements de terre et des incendies.

Quand l'homme a à lutter contre des fléaux qui ne sont régis par aucune loi fixe et régulière qui lui permette d'en prévoir la marche, il doit se borner à mettre de son côté un certain nombre de chances en rapport avec les dépenses nécessaires pour se les rendre favorables, et avec l'importance des intérêts que ces travaux doivent protéger. Qu'on nous permette de citer encore nos *Etudes* de 1848, pour démontrer qu'à cette époque, pas plus qu'aujourd'hui, nous ne nous faisions illusion sur le rôle des endiguements. Nous disions alors (page 222) :

« Si l'on se rappelle ce que nous avons dit plus haut
« sur les circonstances qui déterminent la hauteur des
« crues, on reconnaîtra qu'un endiguement ne peut
« avoir pour but de mettre le pays endigué à l'abri des
« inondations, d'une manière complète et définitive. Il
« ne peut être question que des crues les plus ordinaires ;
« on ne se préoccupera des crues extraordinaires et des
« crues possibles qu'autant que les intérêts qu'on aurait
« à protéger seraient très-considérables. Ainsi, la hau-
« teur des digues et leur distance ne dépendent pas
« uniquement de la hauteur des crues, mais d'une foule
« de circonstances locales, » etc., etc.

Une digue emportée, c'est une maison qui brûle, c'est un vaisseau qui échoue : le propriétaire et l'armateur ont prévu l'événement, la maison se reconstruit, un autre vaisseau est lancé, et quoique la nouvelle maison puisse brûler le lendemain et le nouveau vaisseau échouer à son premier voyage, et que le propriétaire et l'armateur n'aient à cet égard pas plus de garantie qu'ils n'en avaient la première fois, personne ne s'avise de les taxer d'imprudence ou d'imprévoyance. Pour ces sinistres, dira-t-on, il y a un système d'assurances qui justifie la hardiesse de l'entreprise, et il n'y en a pas pour les inondations. Sans doute ; mais les assurances sont une invention moderne, et le commerce maritime avait pris un grand développement, avant qu'on lui eût appliqué ce système financier. Pouvait-on considérer comme insensés tous les architectes et tous les commerçants de l'antiquité ?

Pour qu'une entreprise, pour qu'un travail public ou particulier se justifie aux yeux de la raison, il n'est pas nécessaire qu'il soit d'une durée indéfinie et à l'abri de toutes les chances d'accidents, il suffit qu'il procure assez d'avantages ou de profits pour compenser les réparations, les renouvellements ou les reconstructions que nécessitent ces avaries. Eh bien ! il en est ainsi de la plupart des digues ; leurs inconvénients, si grands qu'ils soient, ne sauraient être mis en balance avec leurs avantages.

A Dieu ne plaise que notre conclusion soit qu'il faut dès à présent entreprendre l'endiguement complet et radical de toutes les vallées sujettes aux inondations ; ce travail, comme le défrichement des forêts, comme le desséchement des marais, des étangs et des lacs, se fera certainement, mais il doit suivre les progrès de la population, et il serait aussi dangereux de s'y opposer qu'inutile de le provoquer ; dangereux de s'y opposer, parce que la faim d'une population croissante à des arguments auxquels rien ne résiste ; inutile de le provoquer, parce que l'intérêt particulier suffit pour le développer dans la mesure de ce qui est utile. Il y a tel terrain qui, aujourd'hui, ne doit pas être endigué, parce que l'amélioration qui en résulterait dans ses produits, ne justifierait pas la dépense de ce travail, et qui, dans vingt ans, trente ans, cent ans peut-être, devra être endigué, parce que sa valeur, son importance auront complétement changé. C'est une question de temps et d'opportunité sur laquelle l'intérêt particulier doit seul se prononcer. Dans une pareille question, l'Etat ne doit avoir qu'un rôle de contrôle et de surveillance, pour mettre les travaux à faire en rapport avec les travaux exécutés et à entreprendre ultérieurement, en laissant la plus grande latitude à l'initiative des communes, des propriétaires, ou des associations de propriétaires intéressés.

Mais il y a une mesure économique qui nous paraît devoir produire les meilleurs résultats et dont nous ne comprenons pas que quelque grande compagnie financière n'ait pas encore pris l'initiative, c'est celle que les hommes opposent à tous les sinistres accidentels dont ils ne peuvent maîtriser les causes, *l'assurance.* C'est ainsi qu'on est parvenu, au moyen de l'épargne et de l'association, non pas à faire disparaître le mal, mais à l'amoindrir en le répartissant. Sans doute l'établissement du chiffre de la prime présente quelques difficultés au premier abord ; car, comme nous l'avons dit, les terrains se trouvent, par rapport aux inondations, dans des conditions bien diverses, suivant les cours d'eau le long desquels ils sont placés, suivant leur niveau relativement aux crues, et suivant leur culture et les travaux exécutés pour les protéger. Mais ces difficultés ne sont pas plus grandes que celles des assurances maritimes, où il faut tenir compte de l'état du vaisseau, de sa destination, de son chargement, de l'habileté du capitaine ; or, on sait qu'on a triomphé de ces difficultés. A plus forte raison triompherait-on de celles que présentent l'évaluation des chances d'inondation, car les éléments du calcul sont beaucoup moins variables et plus faciles à rectifier par l'expérience. La plus grande difficulté du système, celle sans doute qui a éloigné les compagnies financières de ce genre d'assurances, c'est le peu de régularité du fléau dans ses ravages annuels. Quand les sinistres, comme les incendies par exemple, ne tiennent pas à des causes générales, en vertu de la loi des grands nombres, ils se répartissent d'une manière presque régulière sur les années, et il est facile d'établir la balance entre les primes à payer et la valeur annuelle des sinistres; mais les sinistres des inondations n'ont pas cette régularité dans leur marche : ils apparaissent à des intervalles souvent très-éloignés, puis tout à coup ils se rapprochent, s'accumulent et viennent fondre à la fois sur toutes les vallées d'un pays. L'année 1856 est un triste exemple de la possibilité de cette coïncidence, qui amènerait infailliblement la ruine de toute compagnie d'assurances, à laquelle une trop courte existence n'aurait pas permis de constituer un fonds de réserve suffisant. Mais il nous semble que cette difficulté n'est pas insurmontable et qu'au moyen de combinaisons financières prudentes, les compagnies pourraient se mettre à l'abri des chances d'une pareille éventualité. Ce n'est en effet qu'une difficulté de début, qui ira en s'amoindrissant à mesure de l'augmentation du fonds de réserve : il ne s'agit que de mesures transitoires à prendre jusqu'à ce que les primes annuelles, en s'accumulant, permettent aux sociétés d'étendre les cas d'assurances à tous les risques. Nous ne saurions entrer dans plus de détails à ce sujet, parce que nous croyons que ce n'est que par la pratique qu'on peut réellement résoudre toutes les difficultés d'un pareil système. Les assurances contre l'incendie, contre la grêle, contre les risques de la navigation fluviale ou maritime ne sont devenues ce qu'elles sont aujourd'hui qu'à la suite d'une longue expérience et après de nombreux tâtonnements.

En résumé, voici quelles sont les conséquences de l'étude à laquelle nous venons de nous livrer :

1° Tout ce qui a été avancé par M. Boulangé, au sujet des digues de Pinay et de la Roche, n'est que le résultat d'une erreur ou plutôt d'une série d'erreurs ; ces ouvrages artificiels n'ont jamais eu et ne sauraient avoir aucune espèce d'influence sur le régime des grandes eaux de la Loire ;

2° Le système des retenues supérieures présente d'immenses difficultés d'exécution, et entraînerait à d'énormes dépenses ;

3° Il serait inefficace dans les crues de longue durée ; il pourrait même en augmenter la hauteur, si certaines combinaisons de crues des affluents venaient à se produire ;

4° Les digues longitudinales, malgré leurs ruptures accidentelles, présentent contre les crues le meilleur préservatif qu'on ait trouvé jusqu'à présent ; les autres systèmes ont besoin d'être complétés par celui-là, car ils ne supprimeraient pas les crues, et ne pourraient tout au plus qu'en diminuer la hauteur ;

5° Rien ne limitant cette hauteur, on doit considérer les ruptures de digues comme un inconvénient prévu du système, auquel il ne faut demander que la garantie qu'il peut donner ;

6° La construction des digues, comme toutes les conquêtes de l'agriculture, est un travail qui se fera certainement, mais qui ne doit se faire qu'avec le temps, et que l'Etat peut se contenter de surveiller et de contrôler, et auquel il ne doit qu'exceptionnellement contribuer ;

7° C'est par l'épargne, par la prévoyance individuelle ou collective, par des systèmes d'assurances bien combinés, que les propriétaires des terrains sujets aux inondations trouveront contre les désastres dont ils se plaignent le complément de garantie que les digues longitudinales ne peuvent leur donner que dans une certaine mesure.

Il y a longtemps que cette question des inondations nous préoccupe, après en avoir préoccupé de beaucoup plus habiles : il nous eût été agréable d'apporter au public un remède efficace et économique ; mais nous avouons, en toute humilité, qu'après avoir examiné la question sur toutes ses faces, lu et médité tout ce qui s'est publié à ce sujet, nous n'avons pu arriver à d'autres conclusions que celles que nous venons d'exposer. Elles n'ont rien de séduisant, rien de bien neuf ; aussi le but de cet ouvrage est-il beaucoup moins de les faire connaître que de dissiper des illusions qui pourraient amener de grandes dépenses et de graves mécomptes.

NOTE.

Calcul du volume de la retenue en amont de la digue de Pinay.

Dans nos *Etudes théoriques et pratiques sur le mouvement des eaux courantes*, nous avons donné plusieurs moyens de calculer la figure des remous produits sur les cours d'eau naturels. Nous nous servirons ici des tables placées à la fin de l'ouvrage.

Rappelons d'abord que nous nommons :

Y, la hauteur du remous inférieur ;

y, celle du remous supérieur ;

s, la distance qui les sépare ;

i, la pente du cours d'eau naturel ;

H, la hauteur du régime uniforme, ou profondeur moyenne de la section naturelle.

Le premier problème à résoudre est de déterminer la hauteur y à laquelle est réduit à Pinay le remous Y, qui a lieu à la Roche ; y est l'inconnue du problème.

Le nivellement (pl. II, fig. 5) donne $Y = 6^m - 115 \times 0,000628 = 5^m,93$; car, pour avoir la chute à la Roche, il faut prolonger la pente naturelle du bief inférieur jusqu'au pied de la digue.

s, distance de Pinay à la Roche, $= 6.316^m$.

i, la pente du cours d'eau naturel, est inconnue ; mais elle est égale à la pente du remous ($0^m,00092$) augmentée de $\dfrac{Y-y}{6316}$ et peut se déterminer par tâtonnement.

H, hauteur du régime uniforme, nous est donnée par des expériences de MM. Vauthier, consignées dans un remarquable article inséré dans les *Annales des ponts et chaussées* (1848, p. 145). On y voit que dans trois sections différentes, entre Pinay et la Roche,

Les largeurs ont varié de 152 à 160 mètres,

Les profondeurs moyennes de $9^m,03$ à $9^m,88$,

Les aires ou sections de 1450 à 1502 mètres.

Or, la hauteur H de la section naturelle entre Pinay et la Roche est au moins de 3 mètres plus petite que la profondeur moyenne dans l'étendue du remous ; elle serait donc comprise entre 6 et 7 mètres. En prenant 7 mètres pour cette quantité, entre Pinay et la Roche, nous pouvons donc être sûr d'avoir des résultats plutôt forts que faibles. Au-dessus de Pinay jusqu'au point D, le cours d'eau paraissant avoir, d'après les profils en travers, une profondeur moyenne plus considérable, nous ferons $H = 9^m$.

Le remous tabulaire de la Roche, $\dfrac{Y}{H} = \dfrac{5.93}{7} = 0,847,$

correspond à la distance tabulaire, ... $\qquad 2^m,10$

Il faut déduire de cette quantité la distance tabulaire $\dfrac{is}{H}$ des deux remous. Or, la pente absolue is de la surface naturelle se compose d'une partie connue, qui est celle du remous $6316 \times 0,00092 = 5,81$ et d'une partie inconnue $Y - y$, qu'on détermine par tâtonnement. Soit d'abord $y = 0^m,93$, nous aurons

$$Y - y = 5, \text{ et } \frac{is}{H} = \frac{10,81}{7} = 1,54. \ldots \ldots \qquad \underline{1,54}$$

On obtient pour la distance tabulaire du remous $\dfrac{y}{H} = $ . . . . $\qquad 0^m,56$

qui correspond au remous tabulaire $\dfrac{y}{H} = 0,05$

et par conséquent au remous réel $y = 0,05 \times 7 = 0^m,35.$

Comme, en substituant cette valeur de y dans celle de is, on aurait une valeur plus petite, on peut mettre immédiatement $y = 0,30$ et on trouve $\dfrac{is}{H} = \dfrac{5.81 + 5.63}{7}$

$= \dfrac{11.44}{7} = 1,63$, au lieu de $1,54$, et par conséquent $0,47$ au lieu de $0,56$, et on aurait alors $\dfrac{y}{7} = 0,039$ et par conséquent $y = 0^m,27$.

Ainsi le remous de $5^m,93$ à la Roche n'est plus que de $0^m,27$ à Pinay.

Pour déterminer maintenant le remous y au profil 4, point D du nivellement, nous ajouterons $0^m,27$ au remous de Pinay; $2^m,92 - 0,00092 \times 77 = 2^m,85$, et nous aurons :

$\dfrac{Y}{H} = \dfrac{3.12}{9} = 0,347$, qui correspond à. . . $\quad 1^m,425$

Déduisant de cette quantité $\dfrac{is}{H}$ et faisant, par approximation, $y = 1^m,90$, ce qui donne pour

$\dfrac{is}{H} = \dfrac{(0,00019 \times 5.630) + 1,22}{9} = \ldots \ldots, \quad 0,255$

Nous obtiendrons pour la distance tabulaire du remous $\dfrac{y}{H}$ . . . . $\quad 1,17$

qui correspond à $0,215$ et donne par conséquent $y = 0,215 \times 9 = 1^m,935$.

En suivant la même marche de calcul, on pourrait rétablir la surface naturelle de l'eau de D en A ; mais, comme nous l'avons dit dans le texte, le nivellement de M. Boulangé, ne donnant pas de cotes simultanées, n'est pas susceptible de servir de base à un calcul exact, et ce qu'il y a de mieux à faire, c'est de tirer une ligne droite du point A où, d'après M. Boulangé, finit le remous, au point situé à 1^m,935 au-dessous de D; il est évident, du reste, que la surface naturelle ne saurait s'écarter beaucoup de cette ligne.

Maintenant, il est facile de calculer le volume de la retenue résultant de la chute de Pinay en amont de cette digue..

	Longueur.	Largeur.	Surface.	Hauteur moyenne	Volume.
	m.	m.	m.	m.	m.
De A en D la surface inondée a.	9.600	2,200	21.120.000	0,97	20.478.440
De D au profil 5..............	1.040	900	936.000	2,15	2.012.200
Du profil 5 à Pinay...........	4.590	200	918.000	2,64	2 423.520
					24.914.160

Donc, en partant de l'hypothèse de M. Boulangé que les chutes de la Roche et de Pinay sont dues aux barrages artificiels, la retenue en amont de Pinay, au lieu d'être de. . . . . 108.292.000 m. c. ne serait que de.. . . . . 24.914.160

Cet ingénieur a donc commis une erreur de calcul de. . . . . . 83.377.840 m. c.

Nous démontrons d'ailleurs dans le texte que les chutes de la Roche et de Pinay sont, pour la plus grande partie, le résultat du profil naturel du lit, et que, par conséquent, on ne saurait attribuer à ces digues qu'une très-petite fraction de ces. . . . . . 25.000.000 m. c.

NOTICE

SUR

L'INONDATION DE LA LOIRE DES 17 ET 18 OCTOBRE 1846,

SUR L'EFFET PRODUIT
DANS CETTE INONDATION PAR LES DIGUES DE PINAY ET DE LA ROCHE,
SUR L'ÉPOQUE ET LE BUT DE LA CONSTRUCTION
DE CES DIGUES ET SUR LES MOYENS
QUI POURRAIENT ÊTRE EMPLOYÉS POUR DIMINUER LA HAUTEUR
DES CRUES DE LA LOIRE;

PAR M. BOULANGÉ,
Ingénieur en chef des ponts et chaussées.

§ 1. Inondation de la Loire des 17 et 18 octobre 1846.

L'inondation de la Loire des 17 et 18 octobre 1846 a été occasionnée par une suite d'orages qui ont commencé à Montbrison le 15 au soir, et qui, après avoir redoublé d'intensité dans la nuit du 16 au 17, ont duré toute la journée du 17 et n'ont cessé que le 18 vers six heures du matin.

La quantité d'eau qui est tombée dans ce laps de temps a été de $0^m,153$ d'épaisseur [1], d'après les observations faites par M. le docteur Rey, de Montbrison, sur un pluviomètre de Lerebours.

[1] La quantité d'eau tombée à Montbrison pendant toute l'année 1845 n'a été que de $0^m,395$. (*Annuaire du département de la Loire.*)
La quantité d'eau tombée en 1833, 1834 et 1835, à Villeret, près de Roanne, a été moyennement, par an, de $0^m,586$ d'après les observations faites par M. Bergier père, ancien avocat, propriétaire, demeurant à Villeret.

6

Pendant cet orage, le baromètre, dont la hauteur moyenne à Montbrison est de 0^m,730, est descendu à 0,714; le vent a constamment soufflé du sud-ouest.

A la suite de ces pluies extraordinaires, les eaux de la Loire et de ses divers affluents, principalement de ceux de la rive gauche, se sont élevées à une hauteur qu'elles n'avaient jamais atteinte, même à l'époque de la crue de 1790, la plus forte dont on ait conservé le souvenir; il en est résulté d'immenses désastres qui ont été décrits ailleurs et qu'il est inutile de rappeler ici en détail. Il nous suffira de dire que les pertes appréciables occasionnées par cette inondation se sont élevées à la somme de 40 millions (*Moniteur* du 3 juin 1847).

Ce chiffre montre mieux que toute description combien il est important d'étudier les circonstances de ce grand événement pour chercher les moyens d'en prévenir le retour.

C'est dans ce but que nous avons recueilli tous les renseignements que nous avons pu nous procurer, sur la hauteur et la marche des eaux dans la Loire et dans ses principaux affluents. Ces renseignements nous ont été fournis par des personnes intelligentes auxquelles nous nous sommes adressé quelques jours après la crue, et qui, dans l'intérêt de leurs propriétés, avaient dû suivre avec soin la marche des eaux [1].

---

[1] Il arrive souvent qu'au moment des crues extraordinaires, tous les agents de l'administration sont absorbés par des intérêts très-graves, et qu'aucun ne fait des observations précises sur les phénomènes qui se produisent. Il arrive aussi que l'ingénieur, appelé en même temps sur plusieurs points du cours d'eau dont il est chargé, n'a pas le temps nécessaire pour distribuer convenablement ses agents et leur faire surveiller tous les points menacés.

Pour éviter les inconvénients qui résultent de là, il serait utile qu'il y eût, dans chaque bureau d'ingénieur ordinaire, un ordre de

Le tableau suivant, où nous avons réuni tous ces renseignements, indique également, pour un certain nombre de points, l'instant des quatre phases principales de la crue, savoir : 1° le moment où les eaux ont commencé à sortir de leur lit ; 2° celui où elles sont arrivées à leur plus grande élévation ; 3° celui où elles ont commencé à baisser ; 4° celui où elles sont rentrées dans leur lit ordinaire.

Le lit ordinaire d'un cours d'eau n'étant pas régulier, les heures indiquées pour le commencement et la fin du débordement n'ont évidemment rien de précis ; cependant il nous a paru utile de les consigner dans ce tableau, pour donner une idée de la durée de la crue en chaque point.

service rédigé d'avance, indiquant à chaque employé les parties des travaux qu'il doit surveiller pendant les crues, les mesures qu'il doit prendre dans les diverses circonstances qui peuvent se présenter et les observations qu'il doit faire.

(Voir le tableau pages 84 et 85.)

Tableau des observations faites sur la hauteur et la marche de la crue des 17 et 18 octobre 1846, dans toute l'étendue du département de la Loire.

LIEUX où les observations ont été faites.	Dates.	Heures.	Hauteur au-dessus de l'étiage.	sont sorties de leur lit.	sont arrivées au maximum.	ont commencé à baisser.	sont rentrées dans leur lit.	du débordement.	de l'étale.	OBSERVATIONS.
FLEUVE DE LA LOIRE.			m.							
Pont du Pertuiset.	17	Midi.	6.00	Midi.	»	»	»	»	»	
	—	6 h. s.	14.40	»	6 h. s.	»	»	»	»	
	—	7.30'	14.40	»	»	7.30's.	»	»	1.30'	
	—	8 h. s.	14.20	»	»	»	»	»	»	(¹)
	—	9 h.	13.20	»	»	»	»	»	»	
	18	6 h. m.	10.20	»	»	»	»	»	»	
	—	Midi.	8.40	»	»	»	Midi.	24 h.	»	
	19	9 h. m.	4.50	»	»	»	»	»	»	
Pont de Saint-Just..	17	8 h.30's	7.54	»	8.30's.	Minuit.	»	»	2.30'	(²)
Pont d'Andrézieux.	17	»	4.15	»	»	»	»	»	»	
Pont de Montrond.	17	»	6.26	»	»	»	»	»	»	
Pont de Feurs.....	16	Midi.	1.90	»	»	»	»	»	»	
	—	6 h. s.	2.00	»	»	»	»	»	»	
	17	6 h. m.	2.20	»	»	»	»	»	»	
	—	6 h. s.	3.40	Midi.	»	»	»	»	»	
	18	2 h. m.	3.40	»	Minuit.	2 h. m.	»	48 h.	2 h.	(³)
	—	6 h. m.	3.20	»	»	»	»	»	»	
	—	6 h. s.	2.90	»	»	»	»	»	»	
	19	6 h. m.	2.40	»	»	»	»	»	»	
	—	6 h. s.	2.10	»	»	»	Midi.	»	»	
Pont de Balbigny..	17	8 h. m.	3.67	4 h. s.	»	»	»	»	»	
	—	6 h. s.	6.09	»	»	»	»	»	»	
	—	9 h. s.	9.39	»	»	»	»	»	»	
	18	8.30'm.	11.37	»	8.30'	»	»	»	»	
	—	9 h. m.	11.37	»	»	9 h.	»	48 h.	0.30'	(⁴)
	—	Midi.	11.04	»	»	»	»	»	»	
	19	2 h. m.	9.39	»	»	»	»	»	»	
	—	Midi.	5.00	»	»	»	»	»	»	
	—	4 h. s.	4.00	»	»	»	4 h. s.	»	»	
Digue de Pinay...	18	»	19.79	»	»	»	»	»	»	(⁵)
Chât. de la Roche..	18	»	21.47	»	»	»	»	»	»	

(¹) Observations faites par M. Morillot, directeur des mines de Firminy, l'un des concessionnaires du pont du Pertuiset.

(²) Observations faites par le receveur du pont.

(³) Observations faites par les agents du service de la navigation, et renseignements fournis par M. d'Assier, maire de Feurs, membre du Conseil général.

(⁴) Observations faites au pont suspendu de Balbigny par le receveur du pont; renseignements fournis par le chef de la station du chemin de fer à Balbigny, et par le maire de la commune.

(⁵) Aucune observation n'a été faite en ces deux points sur le moment du maximum de la crue.

Suite du Tableau des observations.

LIEUX où les observations ont été faites.	Dates.	Heures.	Hauteur au-dessus de l'étiage.	MOMENT OU LES EAUX sont sorties de leur lit.	sont arrivées au maximum.	ont commencé à baisser.	sont rentrées dans leur lit.	DURÉE du débordement.	de l'étale.	OBSERVATIONS.
			m.							
Pont de Roanne...	16	6 h. s.	1.90	»	»	»	»	»	»	
	17	7 h. m.	2.93	»	»	»	»	»	»	
	—	9 h. m.	3.07	»	»	»	»	»	»	
	—	10 h. m	3.20	»	»	»	»	»	»	
	—	11.30'm	3.30	11 h. m.	»	»	»	»	»	
	—	1 h. s.	3.50	»	»	»	»	»	»	
	—	2 h. s.	3.65	»	»	»	»	»	»	
	—	3 h. s.	3.75	»	»	»	»	»	»	
	—	4 h. s.	3.85	»	»	»	»	»	»	
	—	5 h. s.	4.15	»	»	»	»	»	»	
	—	6 h. s.	4.50	»	»	»	»	90 h.	6 h.	(6)
	—	11.30's.	5.60	»	»	»	»	»	»	
	18	Minuit.	6.00	»	»	»	»	»	»	
	—	1 h. m.	7.00	»	»	»	»	»	»	
	—	6 h. m.	7.42	»	6 h. m.	»	»	»	»	
	—	Midi.	7.42	»	»	Midi.	»	»	»	
	—	5 h. s.	7.00	»	»	»	»	»	»	
	19	6 h. m.	4.70	»	»	»	»	»	»	
	—	Midi.	4.40	»	»	»	»	»	»	
	—	6 h. s.	4.20	»	»	»	»	»	»	
	20	7 h. m.	3.80	»	»	»	»	»	»	
	—	Midi.	3.70	»	»	»	»	»	»	
	21	6 h. m.	3.20	»	»	»	6 h. m	»	»	
Pont d'Aiguilly....	»	»	5.80	»	»	»	»	»	»	(7)
Pont de Pouilly....	»	»	6.65	»	»	»	»	»	»	(8)
RIVIÈRE DU LIGNON.										
Pont de Boën.....	17	6 h. m.	»	6 h. m.	»	»	»	»	»	(9)
	18	12.30'm	2.90	»	12.30'm.	»	»	35 h.	1 h.	
	—	1.30'm.	2.90	»	»	1.30'm.	»			
	—	5 h. s.	»	»	»	»	5 h. s.			
RIVIÈRE D'AIX.										
Pont de Saint-Germain-Layal.....	17	»	»	9.30'm.	»	»	»	»	»	(10)
	18	»	»	»	1 h. m.	»	»	35 h.	1 h.	
	—	»	»	»	»	5 h. m.	»			
	—	»	»	»	»	»	2 h. s.			
RIVIÈRE DE RENAISON.										
Au château de M. de Grassin, près du bourg de Renaison............	17	»	»	3.30's.	»	»	»	»	»	(11)
	—	»	»	»	11 h. s.	»	»			
	18	»	»	»	»	5 h. m.	»	26.30'	3 h.	
	—	»	»	»	»	»	6 h s.			
RIVIÈRE DE LA TEYSSONNE.										
Au moulin de la Bénissonsdieu.	17	»	»	Midi.	»	»	»	»	»	(12)
	18	»	»	»	2.30'm.	»	»			
	—	»	»	»	»	3 h. m.	»	34 h.	0.30'	
	—	»	»	»	»	»	10 h. s			

(6) Observations faites par M. Bontoux, ingénieur de l'arrondissement de Roanne, et renseignements fournis par diverses personnes.
(7) Il a été impossible de se procurer des renseignements précis sur le moment du maximum de la crue.
(8) *Idem.*
(9) Observations faites par M. Rivière, maire de Boën, ancien membre du Conseil général.
(10) Observations faites par M. Durand, propriétaire d'une filature sur la rivière.
(11) Observations faites par M. de Grassin, propriétaire d'un château sur le bord de la rivière.
(12) Observations faites par M. le curé de la Bénissonsdieu, dans un moulin de la commune.

*Résumé des observations contenues dans le tableau pré-
cédent.* — En examinant la marche de l'inondation dans
le département de la Loire entre le Pertuiset et Roanne,
on voit :

1° Que les eaux de la Loire sont arrivées à leur plus
grande hauteur [1],

Au Pertuiset, le 17, à . . . . 6 h. du soir.

Au pont de Saint-Just, à 15 kilomètres
en aval, le 17, à. . . . . 8 h. 30' soir.

A Feurs, à 35 kilomètres en aval de Saint-
Just, le 17. . . . . vers minuit.

A Balbigny, à 10 kilomètres en aval de
Feurs, le 18, à . . . . 8 h. 30' mat.

A Roanne, à 40 kilomètres en aval de
Balbigny, le 18, à . . . . 6 h. matin,
et que, même le 18, à une heure du matin, les eaux
étaient déjà arrivées à Roanne à 0^m,42 au-dessous de
leur plus grande hauteur ;

2° Que la rivière du Lignon, qui débouche dans la
Loire près de Feurs, avait atteint son maximum de
hauteur, le 18, à une heure du matin, à Boën, qui est
à 16 kilomètres de la Loire ;

3° Que la rivière d'Aix, qui débouche dans la Loire
en amont de la digue de Pinay, avait atteint son maximum de hauteur, le 18, entre une et deux heures du
matin, à Saint-Germain-Laval, qui est à 11 kilomètres
de la Loire ;

4° Que la rivière de Renaison, qui débouche dans la
Loire près de Roanne, avait atteint son maximum de

[1] Les distances indiquées ci-dessus ont été prises sur la carte du
département, sans tenir compte des contours du lit mineur, en suivant l'axe du lit majeur.

hauteur, le 17, à onze heures du soir, à Renaison, qui est à 11 kilomètres de la Loire ;

5° Que la rivière de la Teyssonne, qui débouche dans la Loire à la limite du département de Saône-et-Loire, avait atteint son maximum de hauteur, le 18, entre deux heures et demie et trois heures du matin, à la Bénissons-dieu, qui est à 4 kilomètres de la Loire.

Observations sur les affluents de la rive droite de la Loire. — Le tableau qui précède ne comprend aucun renseignement sur les affluents de la rive droite, parce que ceux qui débouchent dans la Loire en amont de la digue de Pinay, tels que le Furens, la Coise, la Loise et le Bernand, ont eu assez peu d'eau et que les autres, tels que le Rhins, le Trambouzan et le Sornin, dont les eaux ont atteint des hauteurs extraordinaires, débouchent en aval de Roanne et n'ont eu par conséquent aucune influence sur la crue dans cette ville.

§ 2. Effet produit par les digues de Pinay et de la Roche.

Anomalie dans les observations relatives à la Loire. — Les observations relatives à la Loire font ressortir plusieurs faits qui paraissent extraordinaires ; le plus remarquable, c'est que le maximum de la crue a eu lieu, à Roanne, beaucoup plus tôt qu'à la digue de Pinay, quoique la digue de Pinay soit à 33 kilomètres en amont de Roanne.

Un autre fait également remarquable, c'est qu'à la digue de Pinay la crue a duré quarante-huit heures, qu'à Roanne elle a duré quatre-vingt-dix heures environ, tandis qu'au Pertuiset, situé en amont du département, elle n'a duré que vingt-quatre heures.

Ces anomalies dans la marche des eaux proviennent des digues de Pinay et de la Roche construites sur la Loire, entre Balbigny et Roanne.

Ces deux digues, ne laissant aux eaux qu'un passage de 20 mètres en largeur, ont arrêté leur écoulement naturel et ont formé, dans la partie basse de la plaine du Forez, un vaste réservoir où les eaux se sont emmagasinées, *non-seulement pendant toute la période croissante de la crue, mais encore pendant une partie de la période décroissante.*

L'accumulation des eaux sur ce point y a abattu un très-grand nombre de maisons ; mais, en même temps, elle a déposé, sur les terrains inondés, une couche de limon assez épaisse pour que, tout compensé, il soit parfaitement admis aujourd'hui qu'entre Feurs et la digue de Pinay l'inondation a fait plus de bien que de mal.

Influence des digues sur la hauteur des eaux en aval. — Examinons maintenant quelle a été l'influence de ces digues sur la hauteur des eaux en aval.

Au premier abord, on est porté à admettre que ces digues, en ralentissant la marche des eaux, ont diminué l'intensité de la crue.

Cependant, en y réfléchissant, on comprend que les eaux de deux affluents qui, par la disposition naturelle des lieux, arrivent les unes après les autres dans un lit principal, pourraient y arriver en même temps si l'on ralentissait la marche d'un des cours d'eau, et qu'alors ces eaux réunies pourraient occasionner, quoique isolément diminuées, une crue plus considérable que si elles étaient abandonnées à leur cours naturel.

Il y a donc lieu de faire une étude particulière des localités pour savoir si les digues de Pinay et de la Roche diminuent réellement l'intensité des crues en aval.

La disposition et le développement des affluents de la Loire et de l'Allier, compris entre ces deux fleuves, ne laissent aucun doute à cet égard.

Influence sur les crues en aval du Bec d'Allier. — L'Allier et la Loire ne peuvent éprouver en même temps une crue extraordinaire que lorsque la chaîne de montagnes qui les sépare reçoit une pluie d'orage sur ses deux versants ; mais les affluents de la rive droite de l'Allier et l'Allier ont beaucoup moins de développement et une pente moyenne plus considérable[1] que la Loire et ses affluents jusqu'au Bec d'Allier, au point où les deux fleuves se rencontrent ; et il résulte de là que les eaux qui tombent sur le versant de l'Allier arrivent au Bec d'Allier longtemps avant celles qui tombent sur le versant de la Loire[2].

[1] La pente moyenne de l'Allier et de ses affluents est plus considérable que celle de la Loire, parce que les affluents que l'on considère sur chaque versant partent des mêmes montagnes pour arriver au même point, et que le développement de l'Allier et de ses affluents est moins considérable que celui de la Loire et de ses affluents.

[2] En jetant les yeux sur les cartes de Capitaine, dont un extrait est joint à cette notice, pl. I, on remarque que la plupart des affluents de la rive gauche de la Loire, en amont de Roanne, se dirigent d'abord du nord-ouest vers le sud-est, et font un grand contour avant de rejoindre la Loire qui descend du sud au nord, et que la Loire elle-même fait un contour très-prononcé près de Digoin.

Les affluents de l'Allier, au contraire, prennent immédiatement la direction du sud au nord pour arriver au Bec d'Allier sans faire aucun contour.

En comparant deux cours d'eau qui prennent leur source dans les mêmes montagnes, telles que la Marre, qui passe à Saint-Marcellin et à Sury, et se jette dans la Loire à Montrond, et, d'autre part, la rivière de la Dore, qui se jette dans l'Allier, on trouve, qu'abstraction faite des petits contours, les eaux qui tombent entre Ambert, Saint-Anthème et Montbrison ont à parcourir environ

Les digues de Pinay et de la Roche, en ralentissant la marche des eaux de la Loire, diminuent donc l'intensité des crues en aval du Bec d'Allier.

Influence sur les crues de la Loire entre la digue de Pinay et le Bec d'Allier. — Elles diminuent également les crues entre le Bec d'Allier et le point où elles sont établies. En effet, en examinant sur les cartes de Cassini ou de Capitaine le développement des divers affluents de la Loire entre ces deux points, on remarque que le parcours des eaux est d'autant plus court qu'elles suivent un affluent qui débouche plus en aval ; ainsi, si l'on suppose un orage éclatant sur les montagnes de la Madeleine, orage assez violent pour donner une crue aux rivières d'Aix, de Renaison et de la Bèbre, on voit que les eaux qui suivront la vallée de la Bèbre arriveront près de Dompierre, dans la Loire, longtemps avant celles qui suivront la vallée de Renaison et bien plus longtemps encore avant celles de la rivière d'Aix.

Le ralentissement des eaux dans la partie supérieure de la Loire ne peut donc avoir aucun inconvénient.

Il en est de même lorsque la crue est occasionnée par des orages qui éclatent en même temps sur les deux rives de la Loire, ce qui arrive rarement.

A l'exception des affluents qui débouchent sur la rive droite, près de Digoin, tous les autres cours d'eau de cette rive se dirigent à peu près perpendiculairement au

240 kilomètres pour arriver au Bec d'Allier, lorsqu'elles suivent la vallée de la Loire, tandis qu'elles ne parcourent que 185 kilomètres en suivant l'Allier. Cette différence de 55 kilomètres représente, à raison d'une vitesse de 2 à 3 mètres à la seconde, une différence d'au moins 5 à 6 heures entre les crues de la Loire et celles de l'Allier.

Si, au lieu de la Marre, on considère la rivière d'Anse, qui fait le tour de la partie sud du département de la Loire, la différence entre le parcours par la Loire et par l'Allier est d'environ 105 kilomètres.

fleuve et ont approximativement le même parcours, de sorte que toutes les eaux d'un orage arrivent à peu près en même temps à la Loire, et que, par suite, celles d'un affluent quelconque ont toujours, sur celles d'un affluent en amont, une avance correspondante à la distance comprise entre les embouchures.

De toutes ces observations, il résulte que les digues de Pinay et de la Roche produisent, dans tous les cas, un bon effet; mais que, si ces digues étaient placées dans la vallée de l'Allier, elles pourraient peut-être augmenter les crues en aval du Bec d'Allier, en faisant concorder, en ce point, les crues de l'Allier et de la Loire[1].

Volume d'eau retenu par la digue de Pinay dans la crue d'octobre 1846. — Nous allons rechercher maintenant le volume d'eau retenu, pendant la crue du mois d'octobre dernier, par les digues de Pinay et de la Roche, et calculer l'influence que cette retenue a pu exercer sur le volume des eaux en aval.

Les profils en long et en travers de la vallée, rapportés à la suite de cette notice, pl. II, fig. 5, 6, 7, 8, 9, 10, 11 et 12, donnent entre la digue de Pinay et Feurs, où cessait le remous de la crue :

	mèt. cub.
Un volume de....................................	131,137,000
Mais il faut déduire de là le volume d'eau qui se serait trouvé entre Feurs et la digue sans le remous occasionné par cette digue. En admettant une section d'écoulement de 1,500 mètres carrés sur 15,230 mètres de longueur, on trouve un volume de............	22,845,000
Ce qui réduit le volume d'eau dont la digue a retardé l'écoulement à ;....................	108,292,000

Durée de la retenue. — Il s'agit maintenant de savoir quel est le temps pendant lequel ce volume a été emma-

[1] Il résulte aussi de ces observations que si l'administration adop-

gasiné, ou, ce qui revient au même, le temps qui s'est écoulé entre le moment où l'ouverture de la digue laissait passer moins d'eau que la Loire et ses affluents n'en amenaient en amont de la digue et le moment où les eaux dans la retenue sont arrivées à leur maximum.

Le moment où l'ouverture de la digue laisse passer moins d'eau que les affluents n'en amènent commence aussitôt que le volume d'eau est assez considérable pour que le rétrécissement de la digue occasionne un remous quelconque ; mais il est évident qu'au commencement de la crue le volume d'eau retenu est insignifiant. Tant que les eaux restent dans le canal qui est compris entre la fin de la plaine et la digue, et tant qu'elles ne commencent pas à déborder dans la plaine, la retenue ne peut avoir une influence sensible sur le volume d'eau qui passe à la seconde.

Il résulte des observations faites à Balbigny que les eaux ont commencé à déborder dans la plaine, vis-à-vis Nervieux, le 17, à quatre heures du soir, et comme elles ne sont arrivées à leur maximum que le 18, à huit heures et demie du matin, on peut admettre que le volume d'eau indiqué ci-dessus a été retenu dans une période de seize heures trente minutes, soit cinquante neuf mille quatre cents secondes.

Retenue moyenne par seconde. — En divisant le volume par le temps de la durée de la retenue, on en conclut que la digue a retenu moyennement 1,823 mètres cubes d'eau à la seconde.

tait le systéme des réservoirs temporaires et des bassins de limonage proposé par M. Polonceau, les travaux devraient être combinés de façon à éviter la réunion des crues, qui, dans l'état naturel, arrivent les unes après les autres au cours d'eau principal, et qu'à cet effet l'administration devrait faire faire des observations sur la marche des crues de tous les affluents d'un même bassin.

Retenue maximum par seconde. — Mais si l'on observe qu'au commencement de la crue le volume d'eau emmagasiné à chaque seconde par la digue était pour ainsi dire nul, qu'il a augmenté peu à peu, à mesure que les eaux arrivaient en plus grande abondance, et qu'ensuite il a diminué pour être de nouveau nul au moment où les eaux étaient à leur plus grande élévation à la digue, c'est-à-dire au moment où la digue laissait passer autant d'eau qu'il en arrivait en amont par les affluents, on en conclura qu'au moment où les eaux arrivaient en plus grande abondance, le volume retenu par la digue à chaque seconde a pu être le double de celui moyennement retenu pendant les seize heures trente minutes qu'a duré le remplissage du réservoir, c'est-à-dire qu'il a pu être de 3,646 mètres cubes d'eau à la seconde.

Rapport de la retenue avec le volume débité par seconde à Roanne. — Si l'on compare ce volume à celui qui a passé à Roanne au moment du maximum de la crue, et qui, d'après les calculs faits par M. Vauthier, ingénieur en chef de la navigation de la Loire, s'est élevé à 7,300 mètres cubes à la seconde, on voit que, sans les digues de Pinay et de la Roche, ce volume aurait pu être de moitié en sus de ce qu'il a été.

Dans ce cas, la crue aurait duré beaucoup moins longtemps; mais, comme les dommages proviennent surtout de la hauteur à laquelle les eaux s'élèvent, il est probable que toute la partie inférieure de la ville de Roanne aurait été complétement détruite, et que tout le littoral en aval aurait éprouvé des dommages beaucoup plus considérables encore que ceux que l'on a eu à déplorer.

§ 3. Recherches historiques sur la construction des digues de Pinay et de la Roche.

Si les digues de Pinay et de la Roche ont eu en effet, sur la dernière crue, l'influence que nous venons d'indiquer, on doit s'étonner que cette influence n'ait pas été remarquée, lors de la crue de novembre 1790, qui s'est élevée à peu près à la même hauteur que celle de 1846, en amont de la digue; et l'on doit s'étonner surtout que l'administration et le public aient complètement perdu de vue le but de ces deux constructions qui n'étaient plus considérées que comme des monuments historiques dont on connaissait à peine l'origine.

Après la crue du mois d'octobre dernier, nous avons prié M. Auguste Bernard, membre de la Société archéologique de France, auteur d'une histoire du Forez dans laquelle il est question de ces digues, de vouloir bien faire quelques recherches sur leur construction, soit à la Bibliothèque nationale, soit aux Archives nationales.

Arrêt du Conseil du 23 juin 1711, qui prescrit la construction de trois digues. — M. Bernard a trouvé aux Archives du royaume, E, 829, r 14, un arrêt du Conseil qui commet le sieur Méliand, intendant de la généralité de Lyon, pour faire l'adjudication au rabais de trois digues dans les gorges des montagnes du Forez. Une copie de cet arrêt est à la suite de ce mémoire.

M. Bernard nous a indiqué de plus l'existence, à la Bibliothèque nationale, de deux dessins comprenant le projet de ces digues dressé par M. Mathieu, ingénieur chargé de leur construction.

Une copie de ces dessins est également jointe à la présente notice, pl. II, fig. 1, 2, 3 et 4.

Il résulte des dispositions de l'arrêt précité et des notes mises en marge des dessins (V. *Annales des ponts et chaussées*, p. 344, le texte de ces notes) que les ingénieurs qui ont projeté ces travaux en ont parfaitement apprécié l'effet, tant sous le rapport du ralentissement des eaux que sous le rapport de l'amélioration des terres.

Quoique ces constructions remontent à peine à un siècle, l'administration et le public avaient complétement oublié leur destination. A l'époque de la Révolution, après 1790, les riverains se sont emparés des pierres de taille qui recouvraient la digue de Pinay pour daller leurs habitations, et l'on n'a jamais pensé à réparer ces dégradations; quant à la digue de la Roche, elle est devenue une propriété particulière, sur laquelle on avait établi un jardin et une avenue qui conduisait de la berge à un petit château bâti sur le sommet d'un rocher contre lequel s'appuie la digue. Ce jardin et toutes les plantations faites sur la digue ont été emportés en octobre 1846.

Digue de Saint-Maurice non construite.—D'après l'arrêt du Conseil de 1711, on devait construire une troisième digue aux piles de Saint-Maurice, à environ 12 kilomètres en amont de Roanne.

Cette troisième digue n'a jamais été construite; il ne reste sur ce point qu'une culée et deux piles de l'ancien pont dont il est parlé dans l'arrêt précité.

État actuel des digues de Pinay et de la Roche. — La digue de la Roche présente à peu près les dispositions du projet dressé par M. Mathieu, le 25 août 1711. Mais la digue de Pinay ne ressemble en rien au projet dressé par cet ingénieur, le 16 juillet 1711.

Nous joignons à cette notice les plans, coupes et élé-

vations de ces deux digues, telles qu'elles sont aujour-
d'hui (pl. III).

Ces dessins nous paraissent suffisants pour en donner
une idée exacte, et nous nous dispenserons dès lors d'en
faire une description.

*Dépenses occasionnées par la construction des digues de
Pinay et de la Roche.* — Comme renseignement utile à
connaître, nous ferons une estimation approximative de
la dépense que ces digues ont pu occasionner à l'époque
de leur construction.

Il résulte des métrés détaillés qui en ont été dressés :

1° Que la digue de Pinay a pu occasionner une dépense
de 170,000 francs, savoir :

	Fr.
9,000 mètres cubes de maçonnerie ordinaire, à 12 francs le mètre cube.	108,000
1,400 mètres carrés de parements vus en moellons granitiques ciselés sur les arêtes, à 20 fr. le mètre carré.	28,000
870 mètres carrés de dallage, en pierre de taille calcaire de Régny, à 30 francs le mètre carré.	26,100
	162,100
Fondations..	7,900
Total.	170,000

2° Que la digue de la Roche a pu occasionner une
dépense d'environ 40,000 francs, savoir :

	Fr.
2,000 mètres cubes de maçonnerie ordinaire, à 10 francs le mètre cube	20,000
450 mètres carrés de parements vus comme ceux de la digue de Pinay, à 20 francs le mètre carré.	9,000
300 mètres carrés de dallage en pierre de taille calcaire de Régny, à 30 francs le mètre carré.	9,000
Fondations, extractions de rochers.	2,000
Total.	40,000

Ainsi, moyennant une dépense de 210,000 francs,
les ingénieurs Robert de La Chastre, intendant des le-

vées, Poictevin et Mathieu ont diminué d'environ un tiers une crue qui, ainsi réduite, a encore occasionné des dommages évalués à 40 millions.

§ 4. Moyens à employer pour diminuer la hauteur des crues de la Loire.

En comparant la dépense de construction des digues de Pinay et de la Roche au résultat produit, on est obligé d'avouer que les travaux du gouvernement produisent rarement un effet utile aussi considérable, et l'on se demande s'il ne serait pas convenable de construire de semblables digues sur les principaux affluents de la Loire en amont de la plaine du Forez pour ralentir encore la marche des eaux en amont, et pour faciliter l'écoulement de celles qui tombent en aval de la digue.

En parcourant les affluents de la Loire, on trouve, de distance en distance, dans le fond des vallées, des élargissements qui correspondent à d'anciens lacs, et en dessous de ces lacs, des rétrécissements où il existait autrefois un barrage naturel que les eaux ont usé et emporté.

On pourrait reformer ces barrages en leur laissant à la partie inférieure une ouverture calculée de façon à limiter le volume d'eau que le ruisseau débiterait.

Il conviendrait d'établir d'abord deux barrages dans chacun des affluents indiqués ci-après : 1º l'Isable ; 2º l'Aix ; 3º le Lignon ; 4º la Marne ; 5º le Bonson ; 6º l'Anse ; 7º le Lignon de la Haute-Loire ; 8º la Semenne ; 9º le Furens ; 10º la Coise ; 11º la Loise ; 12º le Bernand.

Ces vingt-quatre barrages, à raison de 100,000 francs   Fr.
l'un, occasionneraient une dépense de. 2,400,000
On établirait ensuite quatre ou cinq digues comme celle de
Pinay, dans les gorges de la Loire, en amont de la plaine du
Forez, de qui pourrait occasionner une dépense d'environ. 1,000,000

Total. 3,400,000

Et il y a tout lieu de croire que moyennant cette dépense de 3,400,000 francs ou 4 millions au plus, on prolongerait assez la durée des crues pour que les eaux ne puissent plus atteindre des hauteurs excessives qui sont la cause de tous les désastres.

Il nous semble qu'il sera difficile de trouver une solution plus simple et plus économique d'une question qui devient de jour en jour plus grave, à mesure que le sommet des montagnes se déboise, que les cours d'eau se rectifient dans l'intérêt de l'agriculture, et que, d'un autre côté, les intérêts industriels et commerciaux descendent dans le fond des vallées pour profiter des forces motrices et des voies de communication qui s'y trouvent.

Cette solution nous paraît d'autant meilleure, qu'elle produira un effet utile, quel que soit le volume d'eau d'une crue. Les solutions partielles proposées pour chaque localité, surtout lorsqu'elles consistent en digues insubmersibles, ne conviennent, au contraire, que pour des hauteurs d'eau déterminées; et cependant il est dans la nature des choses que ces hauteurs varient d'une manière imprévue par le concours de toutes les circonstances qui occasionnent les crues extraordinaires.

Il en résulte très-souvent que dans les grandes crues extraordinaires, les digues qu'on croyait insubmersibles sont submergées, et que les eaux occasionnent alors beaucoup plus de dommages que si elles avaient pu s'étendre naturellement dans le fond des vallées.

Il est donc de la plus haute importance de limiter en quelque sorte le débit des crues, et cela ne nous paraît possible qu'en construisant dans les montagnes des barrages et des digues dans le genre de celle de Pinay. Ce système est un de ceux proposés par M. Polonceau dans sa note sur les débordements des fleuves et des rivières.

Montbrison, le 11 juillet 1847.

Arrêt du Conseil qui condamne le sieur MÉLIAND, *intendant de la généralité de Lyon, pour faire l'adjudication au rabais des ouvrages à faire pour la construction de trois digues dans les gorges des montagnes du Forez.*

(Archives du royaume, E 829, r 14.)

Le roi ayant été informé que les fréquents débordements qui sont survenus à la rivière de Loire depuis 1706 provenoient moins de l'abondance des eaux et de la fonte des neiges qui tombent dans cette rivière des montagnes d'Auvergne et du Forez, que de la rupture de plusieurs roches qui ont été détruites par les particuliers qui sont chargés de rendre la partie de cette rivière navigable depuis Saint-Rambert jusqu'à Roanne [1], Sa Majesté auroit donné ordre au sieur Robert de La Chastre, intendant des levées, de se transporter sur les lieux avec les sieurs Poictevin et Mathieu, ingénieurs, et de visiter les bords de ladite rivière, les rochers qui en ont été détruits, et examiner si les travaux qui y ont

---

[1] La Compagnie de la Gardette, qui avait obtenu ce privilège par lettres patentes de 1702.

été faits sont les véritables causes des débordements fréquens qui sont survenus depuis plusieurs années; ledit sieur Robert s'est transporté sur les lieux, en exécution des ordres de Sa Majesté, et a dressé son procès-verbal par lequel il paroît que depuis le port Garet jusqu'aux piles de Pinay, il a été ôté par les entrepreneurs de la navigation des rochers en six endroits qui occupoient le lit de la rivière ; que depuis lesdites piles jusqu'au sault de Pinay, il a pareillement été ôté des rochers en trois endroits de 7 toises et demie de longueur, et de 20 à 25 pieds de hauteur, et qu'il en a été coupé d'autres, tant au-dessus de ce sault qu'entre le moulin et le château de la Roche où la rivière étoit ci-devant retenue plus qu'en aucun autre endroit, et ne s'en échappoit que par un intervalle très-étroit entre deux rochers, et que le reste de son lit étoit occupé par d'autres rochers de 30 pieds de haut que les entrepreneurs de la navigation de la rivière ont aussi fait sauter, de même que ceux qui étoient au-dessous du moulin de Saint-Priest et au bout du village de Saint-Maurice, et en plusieurs autres endroits.

Vu ledit procès-verbal du 23 janvier 1711, l'avis dudit sieur Robert, par lequel il paroît évident que les quatre inondations survenues depuis 1687 ont été causées par les ruptures de rochers qui ont été faites et enlevées en l'année 1706 pour faciliter la nouvelle navigation établie depuis Saint-Rambert jusqu'à Roanne, et qu'il estime que, pour éviter à l'avenir de pareils débordements, il est indispensablement nécessaire de faire trois digues dans l'intervalle du lit de la rivière où les bateaux ne passent point : la première aux piles de Pinay, la seconde à l'endroit du château de la Roche, et la troisième aux piles et culées d'un ancien pont qui étoit construit sur

la Loire au bout du village de Saint-Maurice, et qu'avec
le secours de ces digues, les passages étant resserrés,
lorsqu'il arrive des grandes crues, les eaux qui s'écou-
loient en deux jours auroient peine à passer en quatre
ou cinq; le volume des eaux, étant diminué de plus de
la moitié, ne causera plus de ravages pareils à ceux qui
sont survenus depuis trois ans;

Ouï le rapport du sieur Desmaretz, conseiller ordinaire au conseil royal, contrôleur général des finances;

Sa Majesté, en son conseil, a ordonné et ordonne que
par le sieur Méliand, commissaire départi dans la généralité de Lyon, qu'elle a à cet effet commis, il seroit
incessamment procédé, avec les formalités ordinaires et
accoutumées, à l'adjudication des ouvrages à faire pour
la construction de trois digues dans les gorges des montagnes du Forez, tant aux piles de Pinay, au château
de la Roche, qu'aux piles et culées qui restent d'un
ancien pont qui étoit construit sur la Loire au bout du
village de Saint-Maurice; pour, le procès-verbal de ladite adjudication vu et rapporté au conseil, être par Sa
Majesté pourvu au payement du prix desdits ouvrages.

DESMARETZ, PHELYPEAUX, DE BEAUVILLER.

A Marly, le 23 juin 1711.

LÉGENDE DE LA PLANCHE II.

Copiée sur le dessin dressé en 1711 par l'ingénieur Mathieu.

Fig. 1 et 2.

Au lieu de 60 toises de largeur que la rivière a dans
ses débordements, elle sera réduite à 9 toises et demie à

la hauteur de 50 pieds, ce qui doit causer un retard considérable, en sorte que les eaues des montagnes et des rivières au-dessus qui tombent dedans seront soutenues, ce qui rendra les terres meilleures par les dépôts des limons qui engraisseront les héritages de la plaine, au lieu que sa rapidité trop précipitée, depuis l'enlèvement des rochers, entraîne leurs terres et fait une plus prompte jonction avec la rivière d'Allier qui y afflue au-dessous de Nevers ; ce qui donne lieu d'espérer qu'à l'avenir les débordements ne seront pas si grands dans les pays bas, supposé que les rivières depuis Roanne en descendant ne débordent pas ensemble avec ladite rivière d'Allier.

A, digué de 50 toises de longueur, depuis la pile à joindre la montagne, dont il y en a 20 toises de fondées dans la rivière sur des rochers de 4 pieds et demi de profondeur réduite à 2 pieds, le restant sur le rocher du côté de la pile et dans le roc du côté de la montagne de 5 toises et demie d'épaisseur par base réduite à 3 toises par le haut, revêtue de pierre de taille et couverte dessus aussi avec pierre.

B, partie de murailles à élever au-dessus de l'ancienne qui marque être un ouvrage des Romains par sa belle construction où il paroît n'y avoir rien été épargné.

C, projet d'arche marquée en jaune, très-nécessaire pour la commodité des provinces de Lyonnais et Forest, desservant aussi pour l'Auvergne et les autres provinces pour aller en Espagne et le chemin ordinaire des courriers.

Quoy qu'il paroisse que les pilles que l'on voit construittes aient été à dessein d'y faire un passage avec un planché de bois, que la rivière doit avoir emporté, puisqu'elle a passé à la hauteur des pilles qui sont de 40 pieds, il y a tout lieu d'espérer que l'arche pourra subsister, étant de 50 pieds sous clef, en donnant une décharge aux grandes eaues dans la partie de la digue depuis D jusqu'à E, qui sera de 4 pieds plus basse que ladite arche C.

Commencé à fonder le 16 juillet, en conséquence de l'arrêt du Conseil du 23 juin précédent 1711, en présence et par les soins du soussigné ingénieur et architecte ordinaire du roi.

Signé : Mathieu.

Fig. 3 et 4.

Veue élevée de la digue à l'endroit du chasteau de la Roche sur la rivière de Loire, d'environ une lieue au-dessous de celle de Pinay, de la manière qu'elle doit être construite pour rétrécir son lit lors des grandes eaues, à la hauteur de 50 pieds, ce qui diminuera des quatre cinquièmes de sa largeur pour soutenir le refoullement des grandes eaues, à l'effet d'augmenter le retard que fera la première digue, laquelle digue sera renfermée entre le rocher du chasteau et celui proche d'un colombier où commence la montagne, d'environ 36 toises de longueur, comme elle se voit par la démonstration ci à costé marquée de rouge.

Plan de la digue à l'endroit du chasteau de la Roche à joindre la montagne pour fermer le cours de la décharge de la rivière, au derrière dudit chasteau, lors des grandes eaues.

A, chasteau de la Roche, basti au bord de la rivière où se fait la navigation, élevé sur un rocher de 67 pieds au-dessus des basses eaues d'esté.

B, endroit où il ne se trouve point de fond.

G, montagne de Forest, du côté de l'Auvergne, d'une prodigieuse hauteur, toute de rocher et à piedroit.

D, rochers qui ont estez razés pour le passage des batteaux que la chutte de la rivière poussoit dessus.

E, digue à pierre sèche de 4 à 5 pieds de haut pour conduire les batteaux.

F, fond marécageux pour les eaues de la rivière et la chute de la montagne. (*Cette lettre n'est point marquée sur le plan original.*)

Depuis le chasteau en descendant sont des rochers vifs de 18 à 20 pieds de haut que la rivière inonde en passant autour de la masse du chasteau, et qui est montée jusque dans la cour. La digue fermera un passage d'environ 36 à 40 toises de long ; il ne restera qu'un passage de 12 à 13 toises jusqu'à la hauteur de plus de 80 pieds.

Fait ce 25e aoust 1711.

Signé : MATHIEU.

FIN.

TYPOGRAPHIE HENNUYER, RUE DU BOULEVARD, 7. BATIGNOLLES.
Boulevard extérieur de Paris.

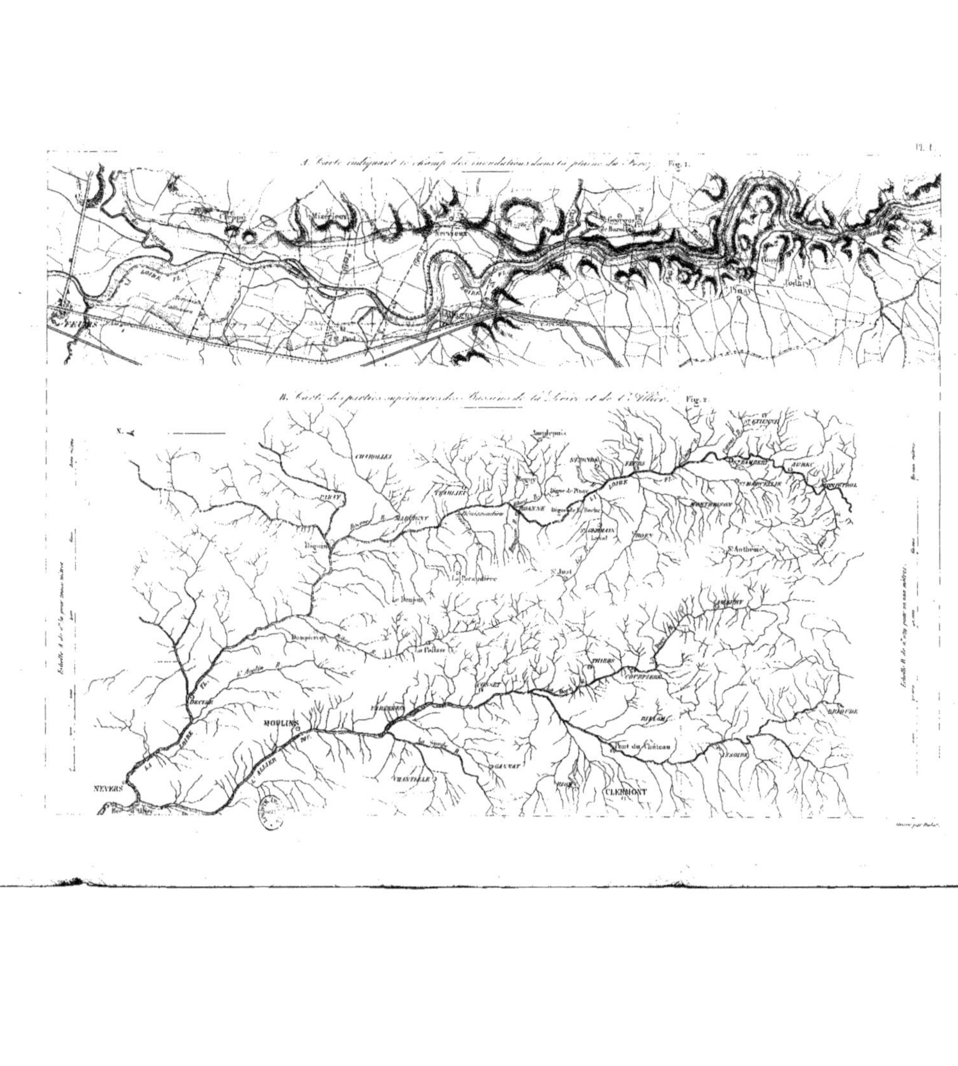
A. Carte indiquant le champ des inondations dans la plaine du Forez.   Fig. 1.
B. Carte des parties supérieures des bassins de la Loire et de l'Allier.   Fig. 2.

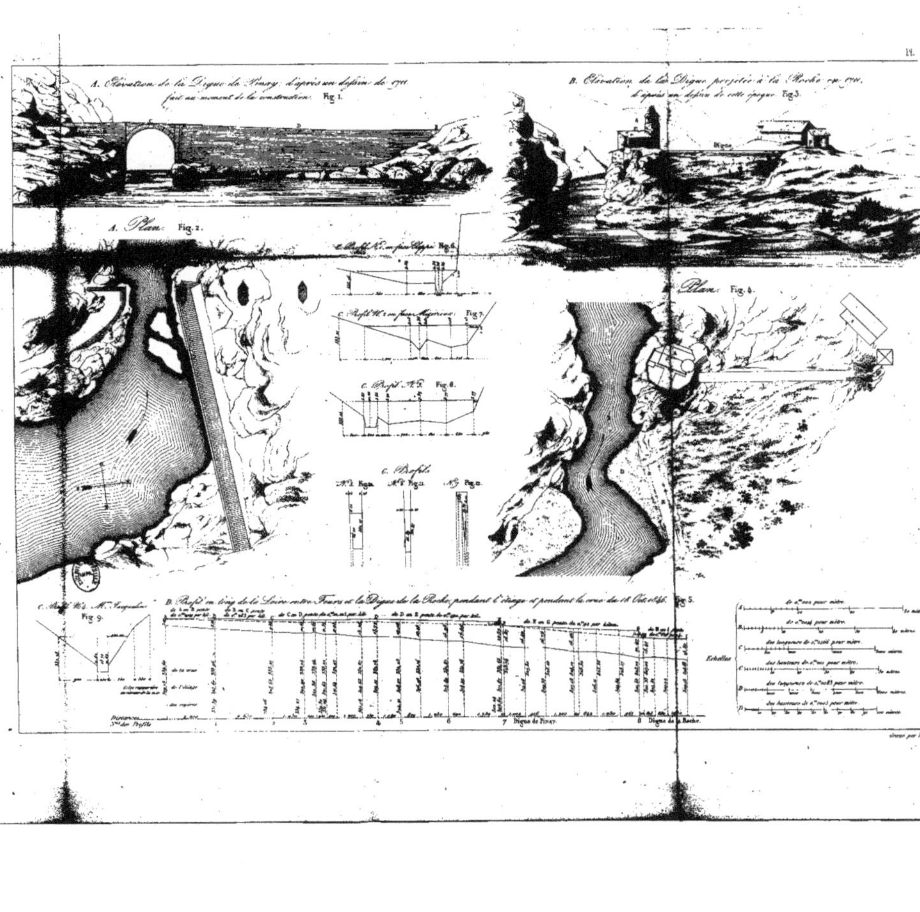
A. Élévation de la Digue de Pinay, d'après un dessin de 1711 fait au moment de la construction. Fig. 1.
B. Élévation de la Digue projetée à la Roche en 1711, d'après un dessin de cette époque. Fig. 3.
A. Plan. Fig. 2.
C. Profil N.º en face d'Appin. Fig. 6.
C. Profil N.º en face Maxime. Fig. 7.
C. Profil N.º Fig. 8.
C. Profils
N.º 1 Fig. N.º 2 Fig. N.º 3 Fig.
Plan. Fig. 4.
C. Profil N.º M.º Saqueboe. Fig. 9.
D. Profil en long de la Loire entre Tours et la Digue de la Roche, pendant l'étiage et pendant la crue du 18 Oct. 1846. Fig. 5.
Digue de Pinay. Digue de la Roche.
Distances. N.º des Profils.
Échelles
Dessiné par Dulac.

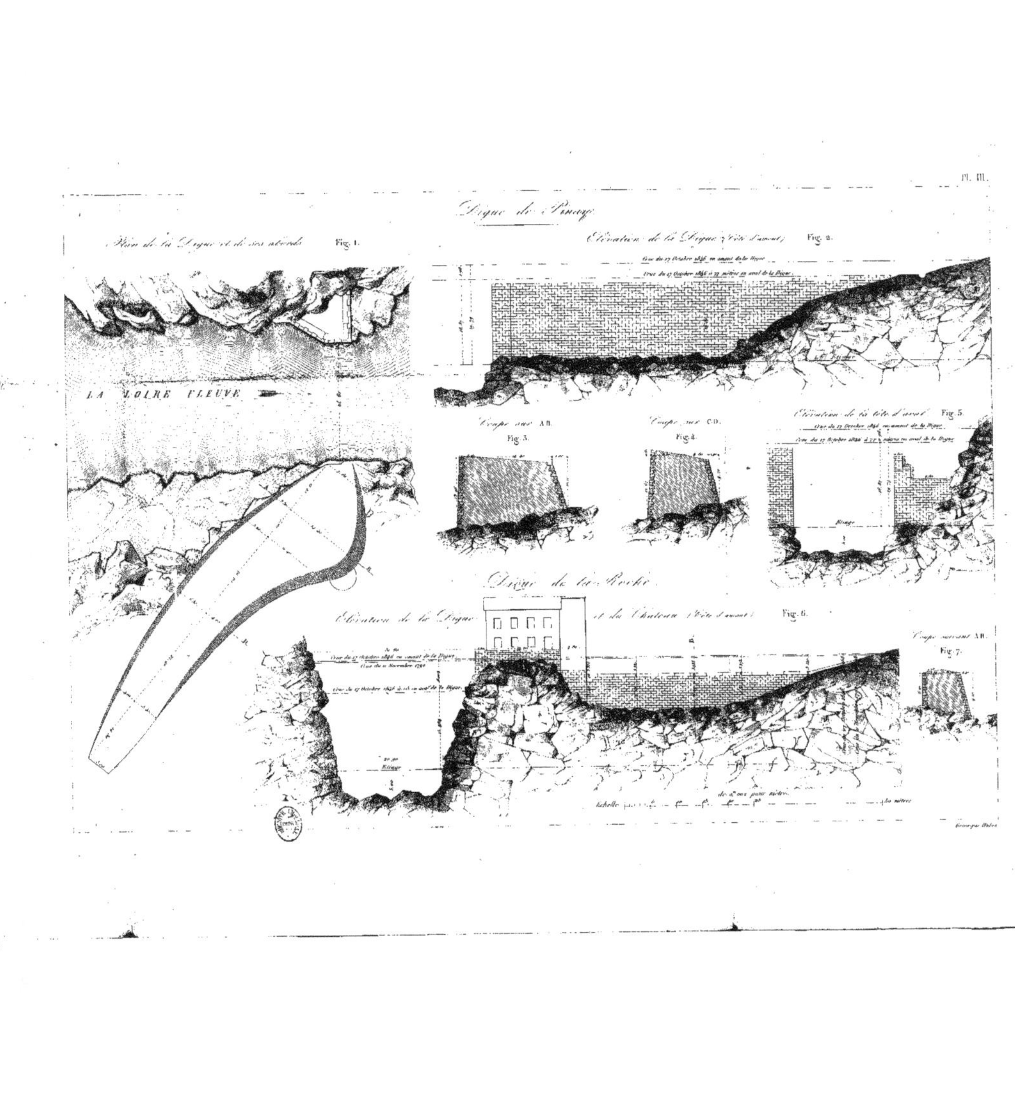
Digue de Pinçay.
Plan de la Digue et de ses abords   Fig. 1.
Élévation de la Digue (Côté d'amont)   Fig. 2.
LA LOIRE FLEUVE
Coupe sur AB.   Fig. 3.
Coupe sur CD.   Fig. 4.
Élévation de la tête d'aval   Fig. 5.
Digue de la Roche.
Élévation de la Digue   et du Château (Côté d'aval)   Fig. 6.
Coupe suivant AB.   Fig. 7.
Échelle
Gravé par Dulos.